养老环境的竞争力设计
——中美机构比较

Competitiveness Design of Institution-based
Senior Living Environments
——Comparison of the Environments in China and the USA

王 哲 著

中国建筑工业出版社

图书在版编目（CIP）数据

养老环境的竞争力设计：中美机构比较 / 王哲著. — 北京：
中国建筑工业出版社，2018.7
ISBN 978-7-112-22361-9

Ⅰ.①养… Ⅱ.①王… Ⅲ.①养老院 — 环境设计 — 对比研
究 — 中国、美国 Ⅳ.① TU246.2

中国版本图书馆CIP数据核字（2018）第131925号

责任编辑：率　琦
责任校对：芦欣甜

养老环境的竞争力设计
——中美机构比较

Competitiveness Design of Institution–based Senior Living Environments
——Comparison of the Environments in China and the USA

王　哲　著

*

中国建筑工业出版社出版、发行（北京海淀三里河路9号）
各地新华书店、建筑书店经销
北京点击世代文化传媒有限公司制版
北京京华铭诚工贸有限公司印刷

*

开本：787×960毫米　1/16　印张：7　字数：115千字
2018年7月第一版　2018年7月第一次印刷
定价：56.00元
ISBN 978-7-112-22361-9
（32234）

◎ 前 言 ◎

在全球老龄化的时代，养老的社会化是一个不可逆转的趋势。我国养老机构的现状距离国家既定的发展目标还有很大差距，许多对西方养老模式（包括其环境设计方法）的模仿值得深思。为提升中国养老环境的设计质量，推动养老产业竞争力，本书以实证研究为基础，展开了14个中美真实案例的分析。

中国和美国是当前世界上高龄老人最多的两个国家。基于各自的文化和经济发展，针对养老建筑的环境设计研究在两国处于不同的阶段。养老机构的环境是入住老人的主要生活空间，与老人的生活质量息息相关。对于养老机构来讲，建筑环境是机构的核心组成部分，是提供养老服务的工作平台。与20世纪80年代的美国相似，当前我国涌现出大量养老机构和养老产业竞争，具体的机构环境不可避免地受到美式设计的影响。基于东西方差异，如何批判地接受美国的养老设计经验值得探讨。

人口老龄化和机构养老需求的增长是全球范围的现象。对于美国的设计经验要批判地接受。洋为中用可以帮助我们汲取经验避免重复错误。新型的养老模式不断涌现，养老服务的层级划分也正在逐渐模糊。期望本书可以提高投资者、设计师和养老服务人员对环境影响养老及养老产业竞争力的认识，并借此呼唤高质量的协调合作和研究，建设以研究为依据的养老法规法令，并基于法规以实际行动提升我国养老环境的质量。

◎ **Foreword** ◎

In the era of global aging, the growth of society-wide senior-living services is irresistible. The development of senior-living facilities in China is at its beginning level. The phenomenon of copying American models of senior living (including environmental design strategies) for the development of Chinese senior-living facilities needs attention. Aimed at promoting the quality of design for senior living and understanding environmental impact on senior-living facilities' industrial competitiveness, this book presents 14 case studies of senior-living facilities in China and the USA.

China and are the countries with the largest and second largest populations of people aged 80+. Associated with cross-country differences in terms of culture and economy, design research on senior living in China should be different from that in the USA. Environments in senior-living facilities are the daily living places for elderly residents and should influence their quality of life. The environments provide a platform for services and are the core of a facility.Similar to the fast growth of senior-living facilities in the USA in 1980s, there are many new facilities in the senior-living market in China and the industrial competition among them increases. Environmental design of these facilities is influenced by American models of senior living. Investigation is needed in order to learn from these models and promote senior-living design and services.

Society aging and increased needs for senior-living services are a global phenomenon. American models of environmental design for senior living should be well analyzed and adjusted for using in China.By learning from developed models, unnecessary mistakes can be avoided in developing new models. New models of senior living are emerging and the edges between elderly-care levels are blurring. This book intends to help senior-living investors, designers, and service providers to develop a better understanding of varied senior-living needs and environmental influence on senior-living facilities' industrial competitiveness. It calls for attention on industrial competitiveness in the field of senior living services, research-informed policies for elderly care, and actions promoting the quality of care.

◎ 目 录 Contents ◎

第1章 老龄化和机构现状

Population Aging and Senior-living Facilities

Aging is a global phenomenon. It is taking place in the world's adult population and within the older population itself. China and the USA are the countries with the largest and second largest populations of people aged 80+. Generally, there are 3 types of senior-living facilities: independent living, assisted living, and nursing care facilities. The development of senior-living facilities in China is at its beginning level. The number of senior-living beds in China is expected to increase from 3.7 million in 2014 to 6.5 million by 2020, in order to accommodate 3% ~ 4% of older Chinese (NBSC 2015). The phenomenon of copying American models of senior living (including environmental design factors) for the development of Chinese senior-living facilities needs attention.

1.1 老龄化 Population Aging

1.1.1 全球老龄化 Global Aging

老龄化是发生在世界范围内的人类社会趋势。根据联合国教科文组织的标准,如果一个国家或地区的 60 岁或 65 岁以上的人群占其人口总数 10% 或 7%以上,那么该国家或地区就已经进入老龄化社会。随着世界范围内出生率的降低和预期寿命的增长,全球人口已经进入老龄化时期。在全球范围内,60岁及以上的人口数量将从 2009 年的 7.43 亿增至 2050 年的 20 亿。[1, 2] 自 2000年至 2050 年,65 岁以上的人口占比在欧洲将从 12% 增至 28%、在北美将从 13% 增至 21%、在亚洲将从 7% 增至 18%[3]。在数量快速增长的老年人中,高龄老人组的增速处于领跑位置。80 岁以上的高龄老人群（80 岁及以上）在老年人群中的占比将从目前的 10% 增长为 2050 年的 19%。[4]2015 ~ 2030 年全球老龄化的高速度和大范围可见图 1。

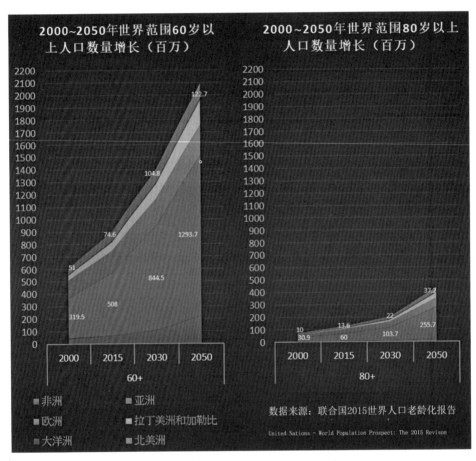

图 1　世界人口老龄化 2000 ~ 2050 年

1.1.2　中美老龄化 Society Aging in China and the USA

　　中国在 2000 年已经进入老龄化社会。中国的老龄化正在持续和加速进行。自 20 世纪 90 年代以来，中国的人口生育率已经从 60 年代的 30% 下降到约 14%。[5]与此同时，中国人的平均寿命在已经由 2009 年的 68 岁增长至 2015 年的 76 岁[6]。根据中国第五次人口普查，2000 年时我国有 1.3 亿人（人口占比 10.41%）年龄在 60 岁及以上。而民政局发布的《2014 社会服务发展统计公报》指出，2014 年时我国 60 岁及以上的老人已经到达到 2.12 亿（人口占比 15.5%），成为世界上首个老年人口突破 2 亿的国家。据中国民政部和联合国人口署的预测，中国的老年人口正在以每年超过 800 万人的速度增加。如果采用中位生育率进行预测，到 2050 年时，我国 60 岁以上的人口数量将高达 4.92 亿（人口占比 30% 以上）。[5, 7]

美国政府老龄统计局的数据显示，2000 年时美国有大约 3500 万人（人口占比 7%）年龄在 65 岁及以上；2014 年时，此年龄段的人口数量约为 4600 万（人口占比 15%）。当前阶段，美国 65 岁及以上老年人的数量将持续加速增长，预计在 2030 年达到 7410 万（人口占比 21%），此后 30 年中的增长较平稳，老年人口占比将持续为 21% ~ 24%。[8]

中国和美国是当前世界上高龄老人最多的两个国家。据联合国人口署统计，中美 80 岁及以上老人的数量在 2013 年分别为 2300 万(中国)和 1200 万(美国)。美国 80 岁及以上的老人数量在 30 年间增加约两倍，在 2050 年时达到 3200 万；届时我国同年龄段的老人将达到约一亿，即每五位 60 岁以上的老人中就有一位年龄在 80 岁或以上。[2, 5]

在高龄老人中，普遍存在因年龄原因带来的生活能力缺失。依据美国老年统计署的数据分析，87% 的高龄老人有至少一项或多项基本生活能力（ADL 能力）的缺失，包括洗浴、穿衣、吃饭、坐立、行走或如厕。许多高龄老人因生活能力缺失或其他精神卫生问题而逐步丧失独立生活的能力，需要某种形式的长期护理。据世界卫生组织预测，到 2050 年，发展中国家中无法照料自己的老年人数量将是目前的四倍。随着高龄老人数量的增长，老龄化社会对提供长期护理服务的机构养老模式的需求将不断增长。

1.2　养老模式和机构现状 Models of Senior Living & Current Senior-living facilities

1.2.1　养老模式 Models of Senior Living

各国的养老模式通常是在其人文脉络和物质环境的基础上形成的。当前发达及发展中国家中较常见的养老模式可以归纳为三类：家庭养老、居家服务养老和机构居住养老。受东方传统文化的影响，家庭养老在中国和东亚各国都是主流。家庭养老模式中的老年人居住在自己或亲属的家庭中，如生活不能自理则由其他家庭成员提供养老服务。家庭模式的养老对老人的健康状况、家庭环境和成员提供养老服务的能力要求较高。与家庭养老相似，居家服务养老模式中的老年人居住在自己家中，主要通过购买由社区提供的商业化服务进行养老，例如购买餐饮和卫生清洁服务等。这些老年人居住在自己熟悉的环境里，既可以得到所需要的生活照顾和服务，也便于子女探望和参加各类社会活动。居家服务养老模式需要依托于健全成熟的社区服务网络，目前在欧美发达国家比较普遍。以美国为例，65 岁及以上的老年人中大约有 11%使用居家养老服务，包括送餐和日间照护等；在 85 岁以上的老人中，这一比例达到了约 22%。[9, 10] 中国的居家养老服务正在迅速发展中，各类社区托老所和上门服务等社区养老服务将为中国的养老体系提供基本依托。

机构养老是指老年人搬离家居地到养老机构中居住的养老模式。机构养老的模式在中国和美国都由来已久。美国在 19 世纪出现了以教会为依托的机构养老，而中国在宋代就有专为老年人而建的居养院。与东方相比，西方文化下的老年人较易接受机构养老。以当前的美国为例，65 岁及以上的老年人中约有 7% 居住在养老机构（包括社区养老机构和医疗照护机构等）；85 岁以上的老人中，居住在养老机构中的约有 23%。[11] 与之不同，目前中国仅有不到 2%的老年人居住在养老机构中。[5] 在东方传统文化中，多代际家庭的生活方式长期以来支撑着中国老年人的养老模式。但随着社会和经济的发展，这种生活方式在现实中愈来愈难以实现。大量的子女成年后离开其成长地寻找工作和生活，留在原地的老人已没有可能采取多代际家庭生活方式来养老。在高速发展和老龄化并行的中国社会中，单纯依靠家庭来养老是不现实的。养老的社会化是全球范围不可逆转的趋势，而机构养老是整个养老体系不可缺少的支撑部分。

养老机构依据不同的侧重点有不同的分类方法，如依据出资方及收费标注而分类的低收费政府保障性养老机构和高收费商业养老机构。本研究专注于养老机构的环境设计，从环境功能性的角度，依照养老服务类别把养老机构总分为三类：自理生活型养老机构、协助生活型养老机构、医疗护理型养老机构。

- 自理生活型养老机构主要面向自理型老人，为老年人提供集中养老的环境，包括符合老年体能心态特征的公寓式老年住宅。老年公寓一般提供配套生活服务，常见的服务包括社会工作服务、餐饮、清洁卫生、日常保健、文化娱乐活动等。

- 协助生活型养老院主要面向半自理的老人，包括一些生活行为依赖扶手、拐杖、轮椅等设施的老年人（也称为介助老人）。为老人提供生活起居、餐饮、清洁卫生、医疗保健、文体娱乐等服务。

- 医疗护理型老年护理院主要面向为无自理能力的老人，为他们提供必要的日常医疗和生活护理。在老年人中，尤其是高龄老人中，有一些由多种原因造成的失智或失能现象。这些老人的日常生活需要依赖长期的医疗护理（也称为介护老人）。在医疗护理院中，这些老人可以得到全天候的医疗护理、康复锻炼、起居、餐饮、清洁卫生等服务。

1.2.2 中美机构现状 Current Status of Senior-living facilities in China and the USA

中国的养老机构正处在发展阶段。鼓励养老服务体系建设的政策正在持续推出。继 2006 年出台的《关于加快发展养老服务业的意见》和 2011 年出台的《中国老龄事业发展"十二五"规划》，国务院在 2013 年出台了《关于加快发展养老服务业的若干意见》。这份文件指出，我国计划在 2020 年全面建成"以居家为基础、社区为依托、机构为支撑，功能完善、规模适度、覆盖城乡的养老服务体系。"在新建城区和居住区中，配套养老服务设施需要与住宅同步规划、建设、验收和交付使用；在老城区和已建成居住区内，养老服务设施要求配备达到规划和建设指标要求。大约 90% 的老人要通过家庭来照顾养老，7% 的老人要通过购买照顾服务在家中养老，还有 3% 的老人要搬入养老服务机构集中养老。各地的养老服务计划略有差别；例如在北京地区的计划中，入住养老机构的老人比例为 4%。

2014 年，我国有各类养老服务机构和设施 9.4 万个，各类养老床位 577.8 万张，60 岁以上老人每千人床位数约 27.2 张，处于发展中国家的一般水平（2% ~ 3%）。[5] 如果参照国际标准，养老床位数量应是每千名老人约 50 张（占比 5%）[2]。当前住房和城乡建设部关于社会养老床位数的规划目标是在 2020 年达到每千名老人 35 ~ 40 张。依照卫生和计划生育委员会估算，届时我国老人总数约为 2.5 亿，所需床位总数约 892.5 万张。依此目标，自 2015 年起的 5 年内，我国养老床位数量需增加约 315 万张。当前养老机构的现状距离国家既定的发展目标有很大差距。

美国国家健康中心发布的最新数据显示，2014 年美国共有 6.7 万个长期照护服务机构，为 900 万人（其中约 840 万人的年龄在 65 岁以上）提供服务。这些服务机构可以概括性地分为非居住式和居住式两种。非居住式的服务机构包括了 0.5 万个成人日托机构和 1.2 万个居家照顾服务机构；居住式的机构包括 0.4 万个临终关怀机构、1.5 万个医疗护理型居住机构（通常称为 nursing homes）和 3 万个生活型养老居住机构（通常称为 residential care communities，包括协助生活型、自理生活型和一些类似的居住养老机构）。非居住式的服务以社区为依托，通常提供针对老年人的日间托管服务，其中约 40% 的部分为营利性质；而居住式养老机构中 70% 以上是以营利为目的。[9] 在美国各个地域，养老照护机构的所有者、机构类别、面积等各有不同。

第2章 环境要素与产业竞争力

Significant Environmental Factors and Industrial Competitiveness

Environments in senior-living facilities are the daily living places for elderly residents and should influence their quality of life. Providing a platform for services, the environments are the core of a facility. Based on literature review of research publications in Chinese and English, 7 environmental factors important to senior living were summarized: Building Layout, Common Place for social activities, Residential Room, Home-like Decoration, Natural Lighting, Outdoor Environment, and Amenity. Michael Porter's competitiveness framework is borrowed in order to investigate the influence of environment on industrial competitiveness. The theoretical framework of using environments to promote industrial competitiveness has been developed and introduced in this Chapter.

2.1 环境要素 Significant Environmental Factors

养老机构中的环境是入住老人的日常生活环境，其环境设计依照机构服务类别而有各自的功能要求。由于老年人活动能力和活动范围有限，在很多情况下养老机构中的建筑环境就是入住老人生活世界的全部，直接影响他们的生活质量。对于养老机构来讲，建筑环境是机构的核心组成部分，是其提供养老服务的工作平台。基于各自的文化经济和发展状况，针对养老建筑的环境设计和研究在中美处于不同的阶段。

2.1.1 中文文献 Literature Review of Research Publications in Chinese

我国在 1999 年发布了第一部针对老年人建筑的设计规范。2000 年以来，国家住建部的相关规范有三部：一是 2003 年颁布的《老年人居住建筑设计规范》，针对老年住宅；二是 2011 颁布的《老年养护院建设标准》，针对机构养老；三是 2013 年颁布的《养老设施建筑设计规范》。近年来的相关文件包括 2015 年《关于鼓励民间资本参与养老服务业发展的实施意见》和 2016 年《关于推进医疗卫生与养老服务相结合的指导意见》。在已经发表的中文文献中，与老年人建筑相关的环境研究成果可以分为三组：建筑周边的场地环境研究、建筑主体的空间设计研究和建筑内部的细节设计研究。

1. 养老建筑的选址宜从环境、交通、和配套三方面考虑。[12] 关于紧邻建筑的周边环境，研究发现居住小区中室外景观点的视线可及性对老年到访者的数量有显著影响，而景观的质量与老人的出行频率及时长没有直接关联。[13] 从环境行为学角度来看，老年人的户外活动可以分为必要、自发和社会性三种，适合的环境设计应依据老人活动的特点展开。[14-16]

2. 关于养老建筑本身的空间设计，平面布局中主入口的位置及形式等对老人日常活动有影响。[17] 案例分析研究也指出当前国内养老机构中人际交往空间的设计质量需要提高。[18] 关于空间知觉体验，研究建议养老建筑设计者适度地创造空间连续性和节奏感，有利于促进老人的感知能力。[19] 相关的设计研究也建议弱化室内外空间的界限，在空间功能和形态等层面展开整体性设计。[20] 由于老人的认知能力衰减，建筑空间中的环境安全性需要得到充分重视，其中应包括合理的水平及竖向功能区划分和标识设计等。[21]

3. 老人居室单元的具体设计（包括无障碍设计和辅助设施等）与医疗建筑中的病房环境设计相似而又不同。相似的是老人居室设计同样应妥善处理单元体的功能和空间构成，亦须以人为本，考虑私密性和人际交流的需要。[22, 23] 不同的是养老机构中老人的居住时间通常大于医疗机构中病人的住院期，并且所需服务中大部分为日常生活服务而非医疗服务。研究者在实证研究和案例分析的基础上开展了深入剖析和探讨，点明中国的养老居住模式应该以安全方便和家庭感为原则，环境设计需要适合中国老人的特点而非照搬国外经验。[24, 25] 中国案例分析研究也指出，养老建筑中的自然光对久处室内的老人十分重要，而我国当前养老机构中对自然光的引入和布置都有待改良。[26]

自然光环境的设计亦是绿色建筑发展的重要部分，在此领域内已经有针对低碳养老社区环境的评估认定体系。[27, 28]

2.1.2　英文文献 Literature Review of Research Publications in English

美国近 30 年来针对老年环境设计的研究与循证医疗环境研究紧密相关。在已经发表的英文文献中，与养老建筑环境相关的实证研究亦可以分为三组：建筑周边的场地环境研究、建筑体的空间设计研究和建筑内部的细节设计研究。

1. 对于建筑的周边环境，研究发现积极正向的自然景观环境与合理的会谈休息区有利于促进老人的户外运动和社会交往。[29] 具体的设计元素包括场地景观、路径设计、室内外空间结合和窗景设计等。[30, 31] 研究建议在靠近建筑出入口处布置适合老人的室外花园，可以鼓励室内的老人外出活动。[32] 针对失忆失智老人，室外环境中应包括循环式回路设计，减少老人迷路。[33] 针对户外环境安全的研究探讨了道路坡度、地面材料选择和室外安全扶手等。

2. 从建筑的空间设计来看，美国养老机构中的空间可以概括分为老人居室、公共活动（包括开放或封闭式的就餐、电视、集体活动空间等）和办公后勤三部分。美国自理生活和协助生活机构中的老人居室多为单人或夫妇居室；而在医疗护理机构中则包括单人、双人和多人的居室设计。已经发表的研究课题中包括平面布局的形式（中心式或平行式等）对环境识别度及日常护理的影响。研究结果显示两种形式在实际应用中各有利弊[34]：中心发散式对机构管理和看护工作有帮助，而平行式则有助于促进区域识别和居住者的归属感。近年来的设计趋势提倡家庭邻里式的老人居室组团。在各个组团中安排有独立管理和服务，一方面促进家庭气氛和人际交流；另一方面有利于工作管理和提高人性化的服务质量。这种家庭邻里式的设计对投资条件要求较高。关于建筑空间研究中亦有建议优化走廊设计以促进老人室内运动的调查报告。[35]

3. 针对养老环境的细节，研究结果提倡利用室内设计支持老人心理及精神健康，应当把家庭角、回忆展示栏和交谈空间等包括在老人居室设计中。[36] 对建筑内部环境的安全研究包括无障碍设计细节、室内地面材料和硬度及室内灯光分析等。[37-39] 另外针对老年住宅的无障碍和设计改造研究主要着重于室内卫浴、厨房、垂直升降和坡道等环境元素。[40]

2.1.3 要素归纳 Summarized Factors

以中英文文献回顾为基础，本书从环境功能性、心理学、社会学的角度分析，以无障碍设计为基础，把养老机构环境设计要素归纳为以下七点。需要说明的是，无障碍设计元素在老年生活环境中的突出重要性已得到广泛重视和应用，是养老环境的基本内容，在此不做重复归纳。

1. 建筑布局

养老机构的建筑主要有两个使用人群：入住老人和服务人员。其建筑的平面布局需要同时满足这两个人群的空间使用需求。随着年龄的增长，很多老人的记忆能力下降，有些还有不同程度的失忆症状甚至可能发展到老年痴呆症，因而常见老人在环境定位和寻找道路方面遇到困难。针对这些情况，养老建筑的平面布局需要有简明清晰的交通流线，以便于入住老人能够轻松地找到自己要去的地点（如居室或餐厅等）。建筑中的走廊不宜过长，并且最好让老人在走廊上可以方便地看到自己的目标地点（如活动室等）。在走廊上的可视环境中，需要有适合老人使用的导向性环境线索或地标元素等（如地面铺砌引导、装饰或走廊尽头的窗景）帮助老人辨识环境。[41] 养老建筑空间中也需要有适当的连续性和节奏感，以便增强老人对空间的敏感度。[42] 不同的功能区域（如居室区、办公和后勤区等）需要在建筑布局中沿水平或垂直方向进行分隔，并在各区域使用独特的空间设计元素（如不同的墙面色彩等），目的是使老人身处其中时可以准确地定位自己的环境。为了促进工作人员的服务和管理，一些欧美研究建议在建筑平面布局中使用综合形式：一方面采用分开设置的小型护理站来促进有人性化的细致服务；另一方面设置集中会议室促进工作人员的日常交流和合作。[34, 43] 在综合交通布置方面，养老建筑中恰当的主入口位置可以对入住老人的日常生活提供便利并产生积极的行为影响。[44] 近年来，欧美一些养老机构中出现了以居室组团为单位的家庭式平面布局，目的是增加环境中的家庭气氛，进而提升入住老人的归属感。

2. 共享空间

在入住老人的日常生活中，机构中的共享活动空间有着非常重要的位置。老人们通常在共享空间中参加集体活动，可以有较多机会与人谈话和沟通。通过融入社会交流活动，人们可以得到所需的信息，减少情绪低落并防止可能出现的精神问题。[45, 46] 养老机构中的共享活动空间为入住老人提供了参与社会交流的平台，帮助他们确认自己的社会身份和与周边环境的心理关联，进而促进其精神健康。[47, 48]研究发现，入住老人的居室距离共享空间较近时，他们参与的社会交流活动较多。[49]如果在养老机构中提供多类型的共享活动空间（如开放式和半开放式），可以促进老人们积极的行为方式，如较多地参与交流、活动、和锻炼等。[36]同时，入住老人渴望了解机构外的世界，亲朋和公益组织的探访对他们非常重要。为促进老人和探访者的互动，建议在养老机构中为探访者设计合适的休息及交流空间。

3. 老人居室

当前关于机构中居室设计的研究集中在医疗环境研究中。与医疗机构中的病房相似，养老机构中的老人居室通常有单人居室和共享居室两种形式。欧美医疗环境研究发现，单人病房的病人有较低的感染率、较高的私密性和睡眠质量，因而建议病房多采用单人形式。[50-52]同时，研究人员也发现肿瘤病人更愿意共享居室，目的是避免孤独感。[53]共享居室在医院的重症看护区中较多见，可以方便医护人员对病人进行观察护理。从护理和服务的角度来看，病人居室与养老机构中的老人居室相似而不同。与住院医疗服务相比，养老服务通常持续的时间更长，而且更多地涉及与日常生活相关的帮助服务。在较规范的养老机构中，接受不同级别服务的老人们通常居住在不同的区域。如果某位入住老人需要更高级别的养老服务，他通常需要搬移到新的区域居住。在细节设计中，无障碍设计元素在老人居室设计中的重要性已经得到广泛接受，有大量文献做出了详尽论述，本书在此不做赘述。一些设计细节如室内的嵌入式展示柜或书架等，可以为入住老人提供展示回忆照片的空间，帮助他们建立环境归属感。

4. 室内采光

对自然光的接触是一种便捷的接触自然的方法。自然光在建筑设计中的合理应用有益于室内采光和建筑的绿色节能。较之人工光线，人们认为自然光线更为舒适并且可以唤起生物的自然生命力。[54]在治疗与老龄化有关的疾病中，自然光线治疗法已经得到广泛使用。老人们在室内感知到的自然光照对他们参与室外活动的行为有正向关联性。[55]接触自然光照较少的老人较易有消极的行为和久坐不动的生活方式。[56]参与体育运动和接触自然光是促进睡眠质量的有效方法。[57]在风水理论中，自然光被看作是正向的能量。在老人居室内外,采光及照明需要柔和过渡,使老人出入时有机会适应光线的变化。建议在室内外设立灰空间的设计手法建立了空间过渡,为老人们提供较多时间适应内外变化。

5. 家居气氛

对于长期生活在养老机构中的老人来说,机构就是他们度过余生的地方。如果养老机构可以构建家庭式的环境和气氛,将有助于提升这些老人的生活质量。欧美研究表明,离开原家庭搬进养老院的行为对一些老人的生活控制感、生活质量和寿命有负向的影响。[58, 59] 在搬离家庭之前,这些老人也许拥有自己的房屋;入住机构之后,他们可能需要和别人同住一间居室,并且需要在机构中建立新的社会交往网络。这些网络的创建和对环境变化的适应需要时间和精力。很多老人对上述变化适应较慢,比较思念原有家庭环境。如果在机构中建立家庭式的内部环境,包括对家庭空间和室内细节的模仿等,可以帮助老人减轻思乡情绪进而在机构中建立归属感。[48, 60, 61]

6. 室外环境

居住地的周边环境对老年人的健康和独立生活能力都有影响。日本和欧美的研究发现居住地附近绿地的可及性可以帮助老年居住者保持健康和延长寿命。[62-64] 老人的室外活动增加了他们接触自然的机会,能够有效减少老年情绪低落和失能的风险。[65, 66] 良好的周边景观创造了高质量的窗外景色,可以有效鼓励老人走出室外参与活动。[55] 研究建议在养老机构的入口处设立入口花园或景观区以促进入住老人的活动和交流。[67, 68] 在气候条件适合时,室内和室外之间的空间界限应该弱化,并尽量与周边环境的景观设计结合起来。老人们通常希望居住地周边有树木、灌木、草地和带有遮阳设计的休憩区。[69] 我国的研究发现,居住区中景观点的视线可及性对其在老年居民中的使用率有影响。[13]

7. 休闲设施

养老机构中,通常有为日常生活提供便利的服务设施,例如小杂货店或生活品柜台等。另外,各类健身器材包括健身房等也比较常见,为老人们参与体育锻炼提供了方便。欧美的研究指出,那些可以接触到运动器械的老人较多地达到了医生建议的运动量。[70] 各类图书室、艺术室、学习室等在养老机构中也得到广泛推广。多媒体中心、小型影院以及与宗教有关的空间等也在养老服务业中得到重视。新种类的服务和休闲设施亦会不断出现。

2.2　产业竞争力概念和环境支持理论框架 Theoretical Frameworks of Industrial Competitiveness and Environmental Support

2.2.1　产业竞争力的钻石理论 Theoretical Frameworks of Industrial Competitiveness

关于机构竞争力的研究大多是从管理学和经济学角度开展的。关于竞争力的定义有多种，其中被广泛认可的基本内容可以总结如下：竞争力在集合层面上是指工业生产力（由产品质量和特征及生产效率决定），或者是单位劳动力及投资创造出的价值。[71] 麦克波特在 1995 年提出的钻石理论探讨了有关工业产业竞争力的主要元素，分析了产业体在群体竞争中的表现，在商业和经济领域有广泛影响（图 2）。此理论以本地产业为分析目标，指出产业竞争力由四项主要元素支撑，即生产要素、市场需求、关联产业支持和同业竞争战略；另有两项辅助元素参与，即产业机遇和政府政策。[71, 72] 随后出现的双钻石理论把各类元素归纳为物理条件和人文条件两部分，并引入了国际竞争概念，弥补了钻石理论对国家间产业竞争考量不足的缺陷。[73] 各种有关产业竞争力的理论仍在不断出现，被普遍接受的基本论点可以归纳如下：产业竞争力由物理和人文两类元素支撑；产业竞争是动态而非静态；限制条件（如法规和环境局限）有可能促进产业体的自身优化（如高质量和革新）进而提高竞争力，但需要个案独立分析。

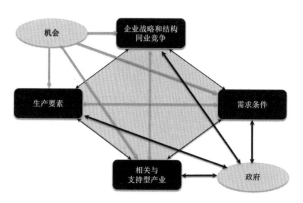

图 2　麦克波特的钻石理论 – 产业竞争力的元素

2.2.2 以环境设计支持产业竞争力的理论框架 Using Environments to Promote Industrial Competitiveness

如果由环境的角度来分析具有人文属性的机构竞争力,可以从环境对人和行为的影响展开。行为是人与环境相互作用的产物。[74] 针对环境和社会凝聚力(Environment and Social Cohesion),研究指出环境元素对使用者之间的相互关系即凝聚力有影响。[75] 在凝聚力较高的环境中,人们参与社会活动和体育运动较多,行为比较积极。[76] 在社会经济学领域,以西欧发展研究为例,社会凝聚力和竞争力的关联性已经得到广泛认可。[77, 78] 本研究将机构的社会凝聚力和产业竞争力结合起来,针对养老产业,从环境设计的角度进行剖析,创建了以环境设计支持产业竞争力的理论框架(图 3)。[67, 79] 通常情况下,老年人的生活能力随着年龄的增长会逐渐下降。和年轻人相比,老年人对环境的积极应对能力较弱,他们的行为更易受到环境的影响。[80-82] 在养老机构中,环境元素在老人的生活中非常重要,影响到他们的日常行为如户外散步和锻炼等。[83] 参与交流活动的老人通常有较多机会接触外界,参与的社会活动通常较多,因而有助于培养老人的人际关系网并且提高老人群体中的社会凝聚力。本项目结合环境和社会凝聚力指标,从环境设计的角度探讨环境对产业竞争力的影响。

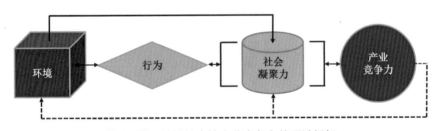

图 3 以环境设计支持产业竞争力的理论框架

纵观各个竞争力理论,主体产业的生产要素被一致认为是竞争力最重要的物理支撑元素之一,与人文类元素共同作用于产业竞争力。产业的生产要素中,主要部分包括生产平台和生产设施。在养老产业中,养老机构的生产活动是在建筑环境中展开的。从环境设计的角度来讲，场地环境可以看作生产平台，而建筑主体及室内环境可以看作生产设施。这些环境元素对使用人群（包括老人和员工）的行为和社会凝聚力应该有影响，进而影响机构的产业竞争力。结合养老产业的特点和当前状态，养老机构的产业竞争力可以有多个指标，其中一个可以且在同类养老市场上赢得客户的能力，通常与客户的特点、市场定位、地理位置、当地文化等因素相关。一个机构的产业竞争能力往往需要以个案为基础进行分析，可参考机构入住率、用户对机构的评分、员工对机构竞争力的评判、机构凝聚力和机构经济运营数据等。

第3章 实证研究及发现

Evidence-based Design Research and Findings

Research questions are following: 1）What are the 3 environmental factors most important to senior living in China/ USA? Are these factors the same in China/ USA? 2）What is the current status of Chinese/ American senior-living facilities' industrial competitiveness? 3）How is the inter-relationship between environmental factors and senior-living facilities' industrial competitiveness? Questionnaire data were collected from 570 senior-living residents or family members and 195 staff members working in 39 senior-living facilities in the USA and China. Quantitative and qualitative data analyses were conducted. Based on the findings, the factors of common places and outdoor environments were similarly valued by participants in both countries as 2 of the 3 most important factors. Residential rooms and home-like decorations were more valued in the USA whereas building layouts and natural lighting were more valued in China. The average score of Chinese/ American senior-living facilities' industrial competitiveness was 8.27 / 8.29（out of 10）. Based on the analysis of data collected in China, sum of residential units on the same floor was positively associated with the facility's industrial competitiveness. These findings are discussed in the context of senior living in China and the USA.

在现状分析和文献回顾的基础上，本书阐明了环境设计与产业竞争研究的意义，提出了三个问题:（1）哪些环境设计元素在养老机构中最重要？这些元素在中美是否相同？（2）中美养老机构的产业竞争力处于何种状态？（3）养老机构的产业竞争力与环境元素有何相关性？针对上述问题，作者在中国和美国养老机构中展开了实证调研。在中美 39 家养老机构中，共收集到有效问卷 765 份，其中老人和家属问卷共 570 人，机构员工问卷共 195 人。研究以谨慎定义的环境元素和产业竞争力指标为基础，通过统计分析归纳出了重要的机构养老环境元素。在具体的数据分析中，运用了定量和定性两种方法。针对量化数据的分析，包括了双变量和多变量的分析法。

结合养老产业的特点和状态，机构的产业竞争力可以有多个指标，其中一个可以是其在同类养老市场上赢得客户的能力，通常与市场价格定位、供求关系、客户特点、地理区位、当地文化等因素相关。受到上述因素的影响，对中美各个养老机构的竞争力进行绝对化的比较是不现实的。通常情况下，涉及机构产业竞争和经济运营的数据也很难在调研中获得。本研究在数据可行性的基础上，尝试以个案为基础，参考机构的调研入住率、用户和员工评分、机构社会凝聚力指标进行有关竞争力的环境分析而非绝对化的比较。

3.1　研究意义 Significance of Research

养老机构的环境是其产业服务平台，是老年人居住和生活的空间，直接影响他们的生活质量和对机构的选择，同时对机构的市场运营有着不可取代的影响。同时，养老机构的环境对机构员工的日常工作及其团队的凝聚力亦有影响，由此不难看到其对养老服务质量和机构竞争力的影响。但是综合回顾国内外已经发表的中文和英文文献，目前尚未发现有将养老机构的环境设计与其产业竞争力联系起来的研究。本研究开展实证数据收集和统计分析，深入论证养老机构环境设计和其产业竞争力的相关性，填补了此领域的空白。

3.2　研究设计 Research Design

3.2.1　理论和方法简述 Introduction of Theories and Methods

本研究以循证设计理论为指导，参考社会生态学的思路，将个体因素和社会因素纳入研究范畴。本研究在前期成果的基础上，引入通过环境设计支持积极养老及社会凝聚力的概念体系，联系社会凝聚力与竞争力的关联性，将环境设计和产业竞争力联系起来（图3）。研究通过对中美案例的实证调研，旨在剖析点明影响养老机构产业竞争力的环境设计要素，对未来养老环境的规划设计及改造提出建设性的指导意见。在循证方法论的平台上，结合中国实际，本研究从定量和定性两方面开展理论与应用结合的数据分析。具体的数据收集对象包括养老机构中的老人、家属和机构管理者；数据收集的方法包括现场问卷、现场观察、网络问卷和网络调研。研究中针对量化的数据进行严格的统计分析，客观地归纳出影响机构竞争力的环境元素，并指出其在调研案例中的具体表现。研究中针对论述型的数据进行了主题归纳和内容分析，联系案例背景资料，总结实证经验加强对养老环境设计的理解。

3.2.2　问题与假设 Questions and Hypotheses

在现状分析和文献回顾的基础上，本书指出对环境设计和产业竞争力展开研究的意义，提出了三个问题分别为：（1）哪些环境设计元素在养老机构中最重要？这些元素在中美是否相同？（2）中美养老机构的产业竞争力处于何种状态？（3）养老机构的产业竞争力与环境元素有无相关性？研究的假设是：（1）养老机构中的重要环境元素包括室外场地、建筑设计和室内设计元素；最重要的设计元素在中美养老环境中不相同。（2）中美养老机构的产业竞争力的状态不相同。（3）养老机构的竞争力与环境元素有显著相关性。

3.2.3　研究指标 Measurements

产业竞争力指标：本研究在数据收集可行性的基础上，与中美专家共同讨论评议，考量了与竞争力相关的两项指标：（1）养老机构的员工、居住者及其家属对机构竞争力的评分；（2）机构综合入住率。竞争力的评分方式统一采取十级莱克法量化，十级为最高级；机构入住率采用入住床位占床位总数的百分比计量。针对社会凝聚力，采取的量化方法借鉴辛普（Sampson）研究。[84] 此方法主要由五项与人际关系相关的问题组成，已经文献论证为合理有效。与凝聚力指标相关的具体问题在问卷中使用六级莱克法量化。针对各个机构运营的具体经济数据，收集难度较大，没有包括在本期研究中。

环境设计元素：本研究依照空间尺度，在中英文文献回顾的基础上，将养老环境的各部分细化为七项：室外场地环境、建筑总体布局、老人居室单元、共享活动空间、娱乐休闲配套、家庭环境氛围、室内自然采光。

　　这些元素的重要性在中美问卷调研中由老人和机构员工根据亲身体验做出圈选和评分。在美国的调研里使用初始问题设计，由专业养老机构的工作人员给各项打出重要性评分（评分方式采取使用六级莱克法，其中一分表示非常不重要，六分表示非常重要）。在中国的调研里，前期问卷测试发现多数调研参与者倾向于给每个元素都打出高评分，这种现象给元素重要性的区分带来了难度。为了有针对性地回答，在改进后的中国调研问卷中对此问题的设计做了改进；改为由调研参与者（包括老人和机构员工）在七项元素中圈选出最重要的三项，经问卷测试显示本研究的目的。针对环境数据的量化，本研究以个案为基础，定量数据包括案例基本资料以及通过现场访谈和观察收集到的数据。这些定量数据包括：场地总面积、室外活动场地面积占比、建筑年龄、建筑总面积、总床位数、主体建筑总楼层数，标准层面积、标准层居室总数、居室平均面积、标准层居住区面积占比和标准层开放活动区占比。其中面积指标以平方米为单位，占比以百分比计量，数量指标以个为单位计量。

　　人文元素：在数据收集可行性的基础之上，本研究考量的人文元素内容包括了机构的社会属性（公办、民办、商业）和机构的护理级别（自理生活、协助生活和医疗护理型）。针对调研参与者的人文指标包括老人的年龄、性别、种族、健康状况、自理能力、受教育程度、所居房间形式、本机构居住时长，以及机构员工的年龄、性别、种族、工作类别、本机构工作时长。老人的健康状况以五分制计量，其中一至五分依次表示很不好、不好、一般、好、很好。老人的自理能力由国际认可的 IADL 评分体系计量；分别列出的生活能力指标有九项：管理财务、房间内自行走动、洗衣、购物、下厨、收拾房间、使用电话联络、日常药品服用。参与调研的老人将自己所需协助的指标项圈选出，以未圈项目的总个数来计量老人的生活自理能力。在调研机构居住或工作的时长以月为单位计量。老人居室的房间形式以单人间、双人间、多人间（三人及以上）分类。员工的工作类别分为机构管理、市场销售、服务护理及其他。民族分类项在中国的调研包括汉、壮、满、回、苗、维吾尔和其他民族；在美国的调研使用的是人文研究中通用的分类项：非西班牙白人、西班牙裔、非裔黑人、亚裔和其他。

3.3 数据收集和分析 Data Collection and Analysis

3.3.1 案例概况 Introduction of the Cases

　　本项目在中国和美国开展了养老机构调研，对案例的选择从实际出发，以尽量靠近为原则挑选有可比性的养老建筑环境。基于对研究参与者的信息保护，本书以类型及号码代替机构真实名称（图4）。

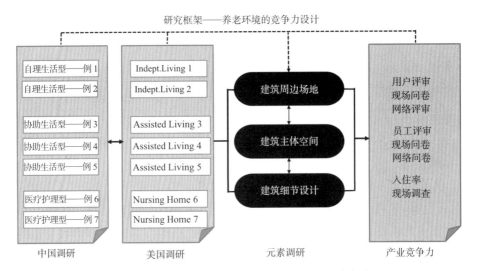

图4　研究框架——中美养老机构环境和产业竞争力

　　中国养老机构的案例调研建立在前期研究的基础上，经多方沟通最终现场调研了九家养老机构，包括生活型、协助生活型和医疗护理型三个养老级别。其中两家机构的调研因现场不可控因素（如参与人数少或答复率低等原因）影响了数据的完整性和有效性，因而没有包括在本期数据分析中。最终归入本期研究的七家机构分别位于北京和上海，均提供两个或多个级别的养老服务（表1）。在各机构的配合下，本研究围绕养老建筑的单体确认养老服务类别和环境设计元素，并在调研中收集了有关老人自理能力的数据再次确认养老服务的类别，结果显示各养老建筑的服务类别均与实际情况相符。调研完成的两家自理生活型案例位于上海，分别为一家民营和一家商业养老机构。调研完成的三家协助生活型案例中，有两家位于北京，分别属于公办敬老院和商业养老机构；另一家位于上海，属于民办养老机构。调研完成的两家医疗护理型机构分别为北京的一家商业养老机构和上海的一家民办敬老院。在上述七家养老机构中，共收集到有效问卷 448 份，其中老年人问卷共 347 人，机构员工问卷共 101 人。

中国调研机构列表　　　　　　　　　　　　　　　表 1

	机构代码	建造年	总场地面积	总建筑面积	总床位数	主体建筑层数	标层居室总数	竞争力	入住率
			平方米	平方米	张	层	间/套	均值	
自理生活型	中国案例 1	2010	83300	72662	1600	7	11	8.63	100%
	中国案例 2	2008	36594	28209	362	3	27	9.57	81%
协助生活型	中国案例 3	2009	27412	6257	198	3	33	9.42	100%
	中国案例 4	2008	3599	5041	250	3	21	9.08	71%
	中国案例 5	2013	4241	3609	110	4	26	8.98	36%
医疗护理型	中国案例 6	2006	2254	3547	80	5	10	8.70	100%
	中国案例 7	2014	4840	5814	184	5	26	8.33	48%

在美国的调研也包括了自理生活型、协助生活型和医疗护理型三个类别的养老机构。调研团队与美国堪萨斯大学合作，获得在美国开展调研的研究许可。受限于研究许可权限，在美国调研不便于展开针对老人的现场调研。依照数据收集可行性，各类机构中分别选择 2 ~ 3 家开展了现场员工调研和多样化的网络调研，其中包括老人及家属网络调研和员工网络调研（表 2）。自理生活型的养老机构是位于得克萨斯州的凯瑞林机构和加利福尼亚州的老年人沙龙机构。协助生活型的养老机构包括三家：其中两家位于加利福尼亚州并且同属于日出养老组织，另一家是位于得克萨斯州的独立机构。医疗护理型的养老机构分别是位于纽约州的老年医疗护理院和位于加利福尼亚州的一家护理院。针对这些机构的产业竞争力，本研究共收集到在其中居住的老人及家属网络调研答复 223 份，其中包括他们从用户的角度对这些机构做出的

竞争力评分。针对养老环境的重要元素，本研究共发出问卷320份，收到了84位养老机构员工的现场和网络有效答卷。

美国调研机构列表　表2

	机构代码	建造年	总场地面积	总建筑面积	总床位数	主体建筑层数	标层居室总数	竞争力	入住率
			平方米	平方米	张	层	间/套	均值	
自理生活型	美国案例1	2003	17437	6769	92	1	76	9.28	92%
	美国案例2	2012	7575	29056	400	6	28	8.50	68%
协助生活型	美国案例3	1995	4554	1593	35	1	28	7.87	86%
	美国案例4	2004	14450	4730	70	2	35	8.50	100%
	美国案例5	2007	14450	4730	77	2	34	8.23	94%
医疗护理型	美国案例6	2009	5864	4006	62	2	26	8.21	94%
	美国案例7	2012	4672	4976	84	3	28	8.20	100%

3.3.2　调研工具 Survey Tools

　　根据养老机构的个案情况，本研究在中国的调研主要使用现场调查和现场问卷；在美国的调研则是现场调查和网络问卷同时展开。根据调研的实际情况和可行性，在中国的调研问卷使用统一型问卷，即老人和机构员工都可以使用；在数据分析中，通过问卷中的分类选项确认参与者年龄和身份等人文元素（图5）。在美国的调研活动因受研究许可的范围所限，针对机构老人的现场问卷调研不便展开，因而问卷调研主要使用网络为载体。具体的网络问卷分为两种，包括针对老人及其家属的简短竞争力问卷和针对机构员工的英文版统一型问卷。英文问卷与中文统一型问卷相对应，针对养老机构的环境元素、凝聚力和竞争力提问。受限于数据可达性和调研可行性，英文版统一问卷的调研对象为协助型养老机构员工，问卷中少部分调研问题包括提问用语和方式等有适应性的语言微调（图6）。

　　上述问卷中的问题和指标是在研究回顾的基础上，将文献中收集到的通过论证的一些量化方法进行了归纳和改进之后为本研究所用，例如社会凝聚力的五项指标等。对需要创建的环境元素问题，本研究使用理论为依托并参考先例，经过小组创建和专家评议而最终构建完成。在进行大范围的数据收集前，本研究组将问卷草稿在中美均作了小规模试用；进行问卷试用的养老机构与后期调研的养老机构情况相似。在试用的基础上，根据结果对问卷设计进行了深入细化（例如问题设计、字体大小和词语使用等），确保数据收集的可靠和有效性。对于适合量化的研究元素，例如一些环境物理指标等，问卷使用了被广泛应用的数量标准，例如个体数量和面积占比等。对带有感知性的研究元素，例如个人认知态度，本研究参考先例进行了定量与定性的综合度量。

 养老宜居环境探讨

您好，我们的课题是有关养老环境的设计研究，希望能得到您的宝贵建议。请填写和圈选合适选项。谢谢!

9. 同意下面的说法吗？　　非常不同意　　　　　　　　　　　　　非常同意

这里的人互相帮助	0 1 2 3 4 5 6 7 8 9 10
这里的人值得信任	0 1 2 3 4 5 6 7 8 9 10
这里的人都相处得好	0 1 2 3 4 5 6 7 8 9 10
大家看重的东西都一样	0 1 2 3 4 5 6 7 8 9 10
在这里大家亲如一家	0 1 2 3 4 5 6 7 8 9 10

10. 以下哪些环境方面对老年公寓来说最重要？请圈选出前三名。

方便的总体布局　　　室内明亮采光

户外观赏游玩的地方　有家庭气氛的装饰　个人居住单元的布局 大小

共享和集体活动的空间　　　休闲设施如健身设施及美发室等

其他方面_____

11. 同意这个说法吗？'我们这个老年公寓在养老产业中很有竞争力。'

非常不同意 0　1　2　3　4　5　6　7　8　9　10 非常同意

图 5　中文问卷部分

Environments for Seniors 15

Introduction

Dear Senior-living Professionals,

We are study fellows from Henan University, University of Kansas, and the Environmental Design Research Association. Our study focuses on friendly environments for senior citizens. This survey collects professional advice regarding appropriate design of the environments for seniors. The purpose is to help design senior-friendly environments.

Your facility is among the 30 facilities which have been invited to participate in this study. All facility staff members are invited to join. Their participation is voluntary and all the data collected will be kept confidential. It may take around 1~2 minutes to answer this survey questionnaire. Your kind support will be truly appreciated!

* 3. Is this senior-living community Competitive in the senior-living market?
(please rate its competitiveness, with 1 and 10 used to represent the lowest and highest levels)

1 lowest	2	3	4	5	6	7	8	9	10 highest
○	○	○	○	○	○	○	○	○	○

* 4.

What types of Building Feature help a senior-living community to Earn New Residents?
Please rate the level of importance, using 1 and 6 to represent the lowest and highest level.

	1 very Unimportant	2 Unimportant	3 somewhat Unimportant	4 somewhat Important	5 Important	6 very Important
convenient Building Layout	○	○	○	○	○	○
welldeveloped Shared Spaces for Gathering/activities	○	○	○	○	○	○

图6　英文问卷部分

3.3.3　数据分析 Data Analysis

　　本研究的数据分析运用了定量和定性两种方法，以谨慎定义的环境元素和产业竞争力指标为基础，通过统计分析归纳出重要的机构养老环境元素和人文元素。针对量化数据的分析，使用的软件是 SPSS（Statistical Package of Social Science，version 22.0）。首先进行的是基本统计分析，例如数据频率和比率。在了解数据基本状况后，选择双变量和多变量的统计分析法。例如采用 SPSS 中的"Crosstab"和"Correlation"功能分析了产业竞争力和各环境元素的双变量相关性。针对竞争力的分析，则采用"ANOVA"功能深入比较各机构均值的差异性。对涉及感官和心理感受的论述型数据，例如对环境建设的想法等，则进行了定性分析。采用的定性分析方法包括主题归纳、关键点统计和内容分析。涉及人群特征、区域和时间等因素，定性分析的结果通常具有特别的适用范围。课题组与专家对定性研究结果展开了讨论，提高研究结果在其他情况下的参考价值。

3.4　研究结果 Research Findings

3.4.1　中美养老机构中的重要环境元素 Environmental Factors Important to Senior Living in China and the USA

根据中美调研结果，养老机构中的重要环境元素存在于建筑周边、建筑主体空间和细节设计三个层级的环境中，其中包括建筑周边的室外环境元素、建筑主体空间中的总体布局、共享活动空间和自然采光设计，以及细节设计中的居室环境设计和家庭氛围元素。

中国养老机构的调研结果（有效答复 448 份）指出机构养老环境中最重要的三项元素依次是：共享活动空间、室内明亮采光和方便的总体布局（表 3）。在老人的问卷答复中，最重要的环境元素是室内明亮采光。在机构员工的问卷答复中，最重要的元素是共享活动空间。在自理生活型的养老机构中，老人和员工（有效答复 173 份）指出自理型机构养老环境中最重要的三项元素（依次）是：方便的总体布局、室内明亮采光和共享活动空间。在协助生活型的养老机构中，老人和员工（有效问卷总数 188 份）指出协助型机构养老环境中最重要的三项元素（依次）是：共享活动空间、家庭环境氛围和室内明亮采光。在医疗护理型的养老机构中，老人和员工（有效答复 87 份）指出医疗护理型机构养老环境中最重要的三项元素（依次）是：室内明亮采光、便捷的总体布局和共享活动空间（图 7）。室外环境元素尽管没有在各类型机构调研的结果中位居前三，但调研中老人和员工给予其的综合分值都较高，在最终排序中室外环境元素的重要性为第四，家庭环境氛围元素为第五。排在其后的是居室单元和休闲配套元素。

与中国调研的结果不同，美国养老机构中的员工（有效答复 84 份）指出美国机构养老环境中最重要的三项元素依次是：居室单元、共享活动空间和家庭环境氛围元素（图 8）。与中国调研结果相似，室外环境元素的重要性为第四，而总体布局元素为第五。其后是自然采光和休闲配套元素。

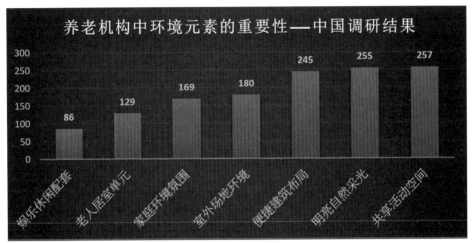

注：图中各元素数量是被调研参与者圈选为最重要三元素之一的总次数。

图 7　养老机构环境元素的重要性——中国调研结果

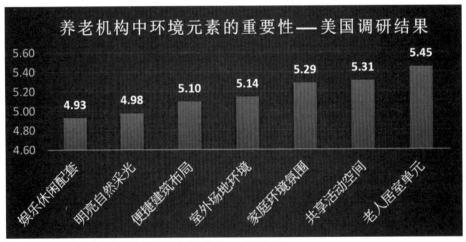

注：图中各元素的分值是其所得重要性评分的平均值，6 分为最高。

图 8　养老机构环境元素的重要性——美国调研结果

　　最重要的设计元素在中美养老环境中相似而不同。中美调研结果的相似之处在于，两组调研都显示了人们对养老机构中共享活动空间的高度重视，此元素在中美调研结果中均排在前两位。而对于养老机构中的娱乐休闲配套设施（例如健身房、棋牌室、游泳池等），人们的重视程度要低于其他元素，其重要性在中美调研中均排在七项中的最末位。另外，室外环境元素的重要性在中美调研结果中均排在第四位。不同之处在于，中国养老机构的员工和入住老人对自然采光元素很重视（排在第二位），但美国调研显示此元素在美国养老机构中的重要性仅排在七项中的第六位。美国调研的结果中特别强调了老人居室单元的重要性（排在第一位），但此元素的重要性在中国调研结果中仅排名为七项中的第六位。中美调研数据皆显示了共享活动空间和室外活动场地在机构养老环境中的重要性。中国调研的结果侧重于强调室内明亮采光和便捷布局的重要性；美国调研的结果侧重于强调老人居室设计和家庭氛围的重要性。

3.4.2　中美养老机构产业竞争力的比较 Comparison of Senior-living Facilities' Industrial Competitiveness

本研究中机构产业竞争力的量化指标包括机构入住率和机构竞争力评分两个部分。综合来看，美国养老机构的入住率均值（90%）高于中国机构的均值（77%）。如果将中美的调研数据进行统计对比，总体上的结果显示中美的老年人及其家属对养老机构的竞争力评分没有显著差异：中美的均值依次为8.27 和 8.29（总分 10 分）（表 3）。在分类型统计对比中发现，中美自理生活型和协助生活型机构的竞争力评分亦没有显著不同，而中国的医疗护理型机构所获得的用户评分（均值 8.64）则显著高于美国同类机构（均值 7.41）。结合具体的机构环境案例，本书将在讨论部分进行研究结果分析。

ANOVA 比较：中美养老机构竞争力　　　　　　表 3

指标	养老机构	数据量	平均值	标准差	最低差	最高值	F 值	P 值
产业竞争力	中国养老机构	521	8.27	2.23	2.00	10.00	0.034	0.853
	美国养老机构	221	8.30	1.41	2.00	10.00		
	中国自理生活型	205	9.18	1.37	2.00	10.00	0.246	0.620
	美国自理生活型	55	9.08	0.62	8.00	10.00		
	中国协助生活型	200	7.94	2.32	3.00	10.00	1.522	0.218
	美国协助生活型	128	8.22	1.47	2.00	10.00		
	中国医疗护理型	84	8.64	1.41	5.00	10.00	19.781	.000
	美国医疗护理型	38	7.41	1.43	4.80	10.00		

中国机构：在参与调研的七家中国机构中，案例 1（自理生活型）和案例 3（协助生活型）的竞争力得分（均值分别为 9.57 和 9.42）显著高于其他机构（表 4）。在医疗护理型的两家机构中，案例 7 的竞争力和凝聚力较高。在参与调研的七家中国机构中，案例 5 的竞争力和凝聚力得分均较高于其他机构。此外，有机构的竞争力得分较高，但社会凝聚力得分较低。这种现象可能与机构管理和运营模式有关，需要进一步的研究。

ANOVA 比较：中国养老机构竞争力　　　　　　　　表 4

指标	类型	机构代码	数据量	平均值	标准差	最低值	最高值	F 值	P 值
产业竞争力	自理生活型	中国案例 1	77	9.57	1.13	2.00	10.00	5.947	0.000
		中国案例 2	92	8.63	1.56	3.00	10.00		
	协助生活型	中国案例 3	33	9.42	0.83	7.00	10.00		
		中国案例 4	40	8.98	1.12	5.00	10.00		
		中国案例 5	77	9.08	1.23	5.00	10.00		
	医疗护理型	中国案例 6	27	8.33	1.94	5.00	10.00		
		中国案例 7	47	8.70	1.08	7.00	10.00		

美国机构：在七家美国机构中，数据显示案例 1（自理生活型）的产业竞争力（9.28）显著高于其他机构。协助生活型机构中，案例 4 的竞争力（8.50）要高于其他两家；医疗护理型机构中，案例 6 的竞争力（8.21）高于案例 7（表 5）。

ANOVA 比较：美国养老机构竞争力　　　　　　　　表 5

指标	类型	机构代码	数据量	平均值	标准差	最低值	最高值	F 值	P 值
产业竞争力	自理生活型	美国案例 1	41.00	9.28	0.26	8.80	10.00	14.410	0.000
		美国案例 2	14.00	8.50	0.24	8.00	10.00		
	协助生活型	美国案例 3	36.00	7.87	1.27	2.00	10.00		
		美国案例 4	45.00	8.50	0.28	8.00	10.00		
		美国案例 5	47.00	8.23	0.40	6.00	10.00		
	医疗护理型	美国案例 6	25.00	8.21	0.51	7.20	10.00		
		美国案例 7	13.00	5.88	0.31	4.80	6.20		

3.4.3 产业竞争力与环境元素的相关性 Inter-relationship between Environment and Industrial Competitiveness

以中国调研的数据为载体，本项目展开的相关性研究包括双变量相关性分析和多变量回归模型分析。双变量分析中使用的相关性指标包括 Pearson 和 Spearman 指标，以 P 值来衡量相关性的显著有效性。显著性的 P 值如果小于 0.05，表示此指标的分析结果为显著有效；如果 P 值小于 0.01，则表示分析结果的有效性强；如果 P 值小于 0.001，则表示分析结果的有效性很强。如果显著性的 P 值大于 0.05 但小于 0.1，表示此指标的分析结果接近有效。多变量回归模型分析中使用模型的 R 方值来衡量模型的构成强度。R 方值如果小于 20%，表示模型构成强度较弱；R 方值如大于 20% 但小于 40%，表示构成强度一般可接受，而目前环境行为学领域的分析模型多数处于此范围；如大于 40% 则表示模型构成强度强，但目前在环境行为学领域内构建的模型中比较少见。

双变量分析：依据中国调研数据所开展的双变量分析显示，养老机构竞争力与五项建筑环境元素相关，其中三项为正向相关，二项为负向相关。针对这五项环境元素，本研究展开了 ANOVA 分析，深入比较了元素值变化对机构竞争力评分的影响。依据分析结果，养老建筑中标准层面积较大、居室单位较多、开放式的共享活动区域占比较大、而居住区占比相对较小的机构竞争力评分较高（$p<0.01$）。在 3 ~ 7 层的范围内，建筑层数较多的养老机构竞争力评分较低（$p<0.01$）。其他建筑主体元素，包括总建筑面积、建筑年龄、和总床位数，与竞争力评分没有显著关联。在周边环境元素中，总场地面积和室外活动区域的面积占比与机构竞争力的评分没有显著关联。在细节元素中，单位居室均面积和老人的居室类型与其对机构竞争力的评分没有显著关联。

针对人文元素，双变量分析显示养老机构在调研期间的入住率、机构的社会属性和月收费价格与其竞争力评分没有显著关联。调研参与者（包括老人和员工）的年龄、性别、种族、受教育程度、在本机构居住或工作的时长，以及员工工作类别亦与机构竞争力评分没有关联。健康状况较好或自理能力较强的老人和服务员工倾向于给出较高竞争力评分（$p=0.06$）；自理生活型机构的竞争力评分显著高于协助生活型和医疗护理型机构（$p<0.01$）。养老机构中的社会凝聚力与产业竞争力有显著关联性：凝聚力较高的机构，其竞争力高于凝聚力较弱的机构（$p<0.001$）。

多变量分析：依据双变量分析的结果，本研究进一步展开了针对养老机构竞争力的多变量回归分析。以环境设计支持积极养老的理论框架为指导，并参考文献回顾中的研究成果，本研究的回归模型所含变量分为人文元素和环境元素两个层级。参与模型构建测试的人文元素包括机构体制，机构护理级别，社会凝聚力，收费标准，居住老人的生活自理能力，调研参与人的性别、年龄、机构居住/工作时长等。参与模型构建测试的环境元素包括总场地面积、室外活动场地占比、建筑年龄、建筑总面积、总床位数、主体建筑总层数、标准层面积、标准层开放共享活动区占比、标准层居住区占比、标准层居室数量和居室均面积。本研究使用 SPSS 中的回归模型功能，通过进入式和逐步式两种测试法将人文和环境元素依次输入模型。在对多个模型进行对比分析后，最终总结出具有较好构成强度的回归模型。此模型的 R 方值为 35.0%；所含元素与产业竞争力的总体相关性很强（$p<0.001$）。此模型包括三项人文元素和一项环境元素，其中标准层居室总数量与机构竞争力有显著正向相关性（$p<0.001$）。

研究结果小结：本研究的结果支持了本研究的假设：1）养老机构中的重要环境元素包括建筑周边环境、建筑主体空间和细节设计元素；最重要的设计元素在中美养老环境中不相同。中美调研皆强调了共享活动空间和室外活动场地在机构养老环境中的重要性。此外，中国调研的结果侧重于室内明亮采光和便捷建筑布局；美国调研的结果侧重于老人居室设计和家庭氛围的创造。2）中美养老机构的产业竞争力的状态不相同。本研究的中美调研结果指出两国机构的竞争力评分总体上没有显著差别；中国医疗护理型养老机构的竞争力评分要高于美国同类养老机构。3）养老机构的竞争力与环境元素有显著相关性。以中国调研数据为平台，统计分析指出影响养老机构竞争力的环境元素包括：建筑层数、标准层面积、标准层老人居室总数、标准层开放活动区占比和标准层居住区占比。

第4章　中国案例

Case Studies in China

7 senior-living facilities in China are discussed in this Chapter. There are 2 independent living facilities, 3 assisted-living facilities, and 2 nursing care facilities. Factors of environmental design are introduced at 3 levels: 1）site, 2）building, and 3）design details.

　　本书专注于养老机构的建筑环境设计艺术，从环境功能性的角度，参照《2007 年城镇老年人设施规划规范》和《2003 年老年人居住建筑设计标准》，依照建筑的服务类别，把中国养老机构中的养老建筑分为以下三种类型：（1）自理生活型养老建筑，例如老年公寓建筑等；（2）协助生活型养老建筑，例如养老院和敬老院建筑等；（3）医疗护理型养老建筑，例如老年护理院建筑等。

　　本书针对各类型养老机构建筑，分别列举了 2～3 个案例，共 7 个案例报告。其中，自理生活型养老建筑案例包括公办敬老院中的老年公寓、商业型老年公寓，和民办老年公寓。协助生活型养老建筑案例包括公办敬老院中的协助生活型养老建筑、公办介助养老院和民办商业型介助养老院。医疗护理型养老建筑案例包括公办护理养老院和民办商业型护理养老院。在大中型养老机构中，常常提供多个级别的养老服务，本书以建筑单体为单位，依据其服务级别展开案例分析。具体的个案分析内容包括 1）周边环境条件及场地设计；2）建筑空间设计（含平面布置和竖向空间分布等）；3）建筑细节设计（含构造和室内等）。

4.1 自理生活型养老机构 Independent-living Facilities

自理生活型的养老建筑中，通常居住着生活可以自理的老人。这类养老建筑为他们提供符合老年人体能及心态特征的集中居住式养老环境。公寓式老年住宅是常见的自理型养老建筑，有独立、半独立等居家形式。老年公寓中一般提供配套生活服务，包括社会工作服务、餐饮、清洁卫生、日常保健、文娱活动等。

中国案例 1：商业式老年公寓 Chinese Case 1

此例中的老年公寓地处中国东部一线城市，建于 2010 年，位于城市外环区域。占地面积约为 8.3 万平方米，总建筑面积约为 10 万平方米，其中包括老年公寓区、服务区和医疗照护区（图 9）。其中的公寓区由 12 幢多层带电梯住宅楼组成，共有 838 套居室，可供 1600 位左右的老人居住。此例老人公寓的商业运行包括租和售两种模式，具体有产权购买（开盘均价 2 万元 / 平方米，年费 3 万 ~ 7 万元）和详细的租住会员制等。

1. 周边环境条件及场地

此例公寓位于城市外环，周边道路宽阔，有生活超市和餐馆等商业服务点。场地北侧有农贸超市和待开发区域，西侧为已投入使用的新建学校，东侧为小型城郊商贸点和夜市，南侧为新建办公区。附近街区内有银行、邮局、区级医院等。周边的城市道路网络发达，有多条公共交通线路。现场调研时发现，从公寓出口到最近的公交站，普通成年人步行大约需要 5 分钟。调研期间观察到有老人自行徒步往返公交车站和周边商业点，其独立出行较为方便，有利于丰富日常生活内容。

场地内共有 12 幢老年公寓住宅楼、1 幢医疗照护建筑、3 幢服务建筑（包括配餐中心和健康会所等）。场地中有大量景观绿化，包括水渠、连廊、凉亭、花架和座椅等（图 10）。庭院内花草状态良好，绿树成荫，设有适合老人使用的室外门球场（图 11）。室外活动区总面积约 4 万平方米，场地内绿化率超 50%。根据现场观察和访谈，发现老人们喜欢在室外散步、休闲、交流、聊天等，对环境反馈良好。

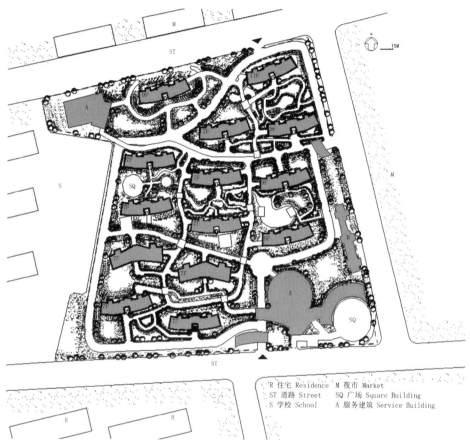

R 住宅 Residence　M 夜市 Market
ST 道路 Street　　　SQ 广场 Square Building
S 学校 School　　　A 服务建筑 Service Building

图 9　总平面图

图 10　庭院连廊

图 11　门球场

2. 建筑空间设计

本书以此例公寓中的典型建筑为例，展开空间设计分析。典型的公寓建筑共 7 层，其标准层平面如图所示（图 12）。

公寓标准层共有 11 套居室，其中 9 套是一室一厅（平均面积为 58 平方米/套），两套是二室一厅（平均面积为 95 平方米/套）。标准层的北半部为走道，南半部为居室并带有开放式南向阳台。在问卷调研中，老人们反映平时最经常去的户外空间就是居室阳台，对阳台设计反馈良好（图 13）。走道平面有扩大的中段部分，形成以电梯为中心的开放式弧形活动区，辅以视角良好的开窗，吸引路过的居民停留，有助于促进邻里交流。

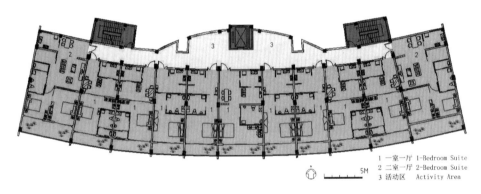

1 一室一厅 1-Bedroom Suite
2 二室一厅 2-Bedroom Suite
3 活动区　Activity Area

5M

图 12　公寓建筑标准层平面图

图 13　公寓阳台

图 14　公寓活动室

建筑的竖向层高约为 3 米，室内全部吊顶。垂直交通有 1 部电梯，2 部楼梯，交通分区和流线清晰。每栋公寓建筑的首层除办公和服务区外，设有不同种类的活动室如书画室、阅览室、音乐室、舞蹈室等（图 14）。调研观察发现，这些设在公寓首层的活动室使用率很高，有大量老人参与集体活动。

3. 建筑细节设计

此例公寓内的室内环境由开发商统一设计和装配，橱柜、床椅、家用电器等一应俱全。另外装配的服务包括有线电视、宽带网络、电话和冷暖水等。这些具体设计和服务方便了入住老人（图 15）。老人居住的室内细节考虑充分，包括合理的空间隔断和色彩温暖明亮的织物搭配等（图 16）。公共活动室光线明亮，部分墙面处理是为了便于悬挂展示的书画工艺作品，满足老人集体活动的需要，并促进交流。

图 15　公寓室内

图 16　公寓卫生间

4. 调研数据分析

本课题组在此公寓中展开了问卷调研，共有 96 位居住在此的老人参与，其中有 43 位女性，87 位汉族。他们平均年龄为 77.9 岁，平均教育程度是高中至大学，居住时间平均为 3 年半，居住形式平均为 1.84 人 / 居室。这些老人对自己的健康状况自评均值为"一般"到"好"（自评的范围从"不好"到"超好"），他们自报在日常生活中需要的帮助有 1 ~ 2 项（例如收拾屋子、做饭或洗衣）。

针对调研问卷中列出的各项建筑及环境设计因素，96 位老人的答卷显示：总体布局、集体活动空间、室内采光、户外活动空间、休闲设施配置对他们是较重要的 5 项。针对此例老年公寓的产业竞争力，参与调研的老人给出的评分为平均 8.6 分（总分 10 分）。根据调研得知，目前此例老年公寓中所有居室的使用权已经售出或租出，市场上亦有相关使用权的交易等。

中国案例 2：民办式老年公寓 Chinese Case 2

此例中的民办老年公寓建于 2009 年，位于东部一线城市的外环市辖区（原为郊县），距离市中心有 3 小时车程。占地面积约为 3 万平方米，总建筑面积约为 2.8 万平方米（图 17）。其中包括 3 幢 2～4 层的养老公寓和 1 幢综合服务楼。有单人房、双人房和大小套房 217 套，共计 362 张床位。针对自理老人的基本收费为每月平均 5000 元 / 人。

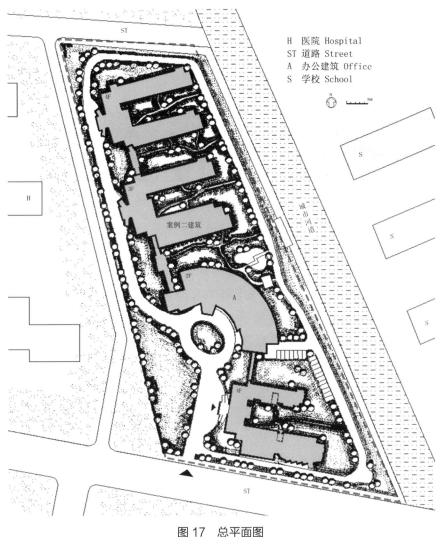

图 17　总平面图

1.周边环境条件及场地

此例公寓坐落于市辖区的主干道,毗邻河道景观,附近有超市和餐馆等商业服务点。场地北侧为急救中心;南北两侧均为新建的办公区,其中有科技中心和博物馆等;西侧与当地医院相邻;东侧为河道和景观绿化带。周边有多条公共交通线路,道路网络发达。现场调研发现公寓出口附近有公交站点,步行只需 3 分钟左右;与公寓隔路相望即是大型超市和商业网点。居住在此的自理老人独立出行和购物都较方便,生活内容较为丰富。

公寓室外活动区总面积约 2 万平方米,场地内绿化率接近 60%(图 18)。户外活动空间内容丰富,包括河道景观、假山,荷塘、连廊、凉亭、健身器械和座椅等。现场视野开阔,景观优质,绿树成荫。有老人散步、钓鱼、观景(图 19)。场地内各栋建筑之间由回廊衔接,方便老人出入。

图 18　室外活动区

图 19　室外景观

2.建筑空间设计

本书以公寓中的典型建筑为例,展开空间设计分析。典型建筑标准层平面如图所示(图 20)。标准层的平面包括南北两个居住区和一个连接南北的服务和活动区。北部居住区单侧布置走廊,居室全部朝南;南部居住区则为内廊式,双侧布置居室,中段设有楼梯。居住区共有 27 套居室,其中 25 套为内附卫生间的单开间居室(有两种类型,均面积约 36 平方米),其余 2 套为一室一厅居室(均面积约 72 平方米)。两个居住区由中心部分的活动和服务区相连,其中包括值班、办公和医务室等。居中布置的活动区为半开放式,靠近楼梯和电梯,吸引人们停留,有助于促进邻里交流。

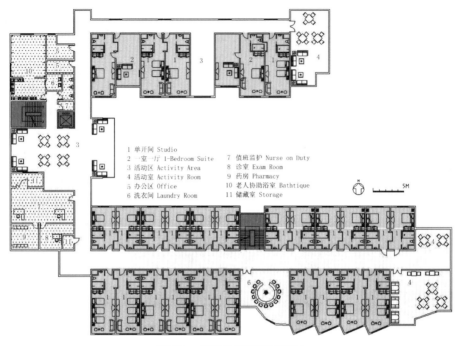

1　单开间 Studio
2　一室 一厅 1-Bedroom Suite
3　活动区 Activity Area
4　活动室 Activity Room
5　办公区 Office
6　洗衣间 Laundry Room
7　值班监护 Nurse on Duty
8　诊室 Exam Room
9　药房 Pharmacy
10　老人协助浴室 Bathtique
11　储藏室 Storage

图 20　公寓建筑标准层平面

　　建筑的竖向层高约 3.3 米，室内局部吊顶。垂直交通有一部电梯和两部楼梯。建筑的首层设有值班办公、医务室和生活服务等（图 21）。老人的餐厅和活动室主要集中在园区中心的综合服务楼中。调研观察发现综合服务楼中有各种活动同时进行，例如有老人作品展示和老年用品介绍等，信息交流多元化，氛围热闹。比较之下，公寓住宅内的活动区较为安静，调研中有老人和来访者在此休息（图 22）。

图 21　公寓值班处

图 22　公寓楼内活动区

3. 建筑细节设计

此例老年公寓中的适老化设计有走廊内双侧设置的沿墙扶手和卫生间扶手抓杆等（图 23）。老人居室内附设的卫生间面积约为 3.5 平方米，整体装修较简单。卫生间地面与室内其他部分的地面有常见的防水高差；洗手池台面下方留空，轮椅可以推进（图 24）。从现场调研得知，此园区及建筑原设计意图为广普型疗养院，后改为老年公寓，大部分适老化设计细节是后来改建和增设的。改建的老人居室内包括固定家具如台面、橱柜、吊柜等。卫生间经过改造增设了扶手抓杆，但地面高差情况未改变。结合平面和竖向设计，此例建筑中的细部设计和空间利用率应有很大的提升空间。

图 23　公寓走廊

图 24　公寓卫生间

4. 调研数据分析

本课题组在此公寓中展开了问卷调研，共有 34 位居住在此的老人参与，其中有 13 位女性，29 位汉族。他们平均年龄为 84.3 岁，教育程度平均是高中至大学，居住时间平均为 3 年，居住形式平均为 1.75 人 / 居室。这些老人对自己的健康状况自评均值为"一般"到"好"（自评的范围是从"不好"到"超好"），他们自报在日常生活中需要的帮助有 2 ~ 3 项（例如收拾屋子、做饭或洗衣）。问卷调研也邀请到 52 位工作人员参与，其中有 31 位女性，47 位汉族。他们平均年龄为 42.1 岁，教育程度平均在初中到中专，在此养老院的工作时间平均为四年九个月。

针对调研问卷中列出的 10 项建筑及环境设计因素，34 位老人的答卷显示：室内采光、总体布局、个人单元布局、户外活动空间和集体活动空间对他们是较重要的五项。针对此例老年公寓的产业竞争力，参与调研的老人给出的评分为平均 9.4 分；工作人员给出的评分为 9.6 分。根据调研得知，此例老年公寓中，综合入住率大约在 75%。

4.2 协助生活型养老机构 Assisted-living Facilities

在协助生活型的养老建筑中，居住者是生活可以半自理的老人，他们的日常生活行为需要依赖扶手、拐杖、轮椅等设施（他们也被称为介助老人）。协助生活型的养老建筑常见于传统形式的养老院，例如社会福利院中的老人部、护老院、护养院等，为老人提供生活起居、餐饮、清洁卫生、医疗保健、文体娱乐等服务。近 20 年来，各种形式的商业养老院不断出现，其中包括多形式的协助生活型的养老建筑，提供更为细化和多元的养老服务。

中国案例 3：公办敬老院中的协助生活型养老建筑 Chinese Case 3

本例与案例 1 隶属于同一所一线城市外环的公立敬老院。这所敬老院目前总占地面积约为 4.7 万平方米，总建筑面积为 2.7 万平方米。其中提供的养老服务包括自理、介助和全护理，共有养老床位 756 张。敬老院内设有医务室、小卖部、理发室等便利服务点。其中的介助型养老区位于敬老院总平面南部（图 25）。其建筑为 3 层，建于 1998 年，共有单开间居室 99 间，基本收费标准为每月 5000 元人民币 / 间，可由单人或双人使用。

1. 周边环境条件及场地

此例老年公寓位于城市外环，周边商业设施较少，环境较为僻静。场地北侧紧邻城郊耕地；东西两侧紧邻正在开发中的住宅区；南侧紧邻城市河道和绿化带。附近街区内有已经建成的国际学校、幼儿教育和办公建筑等。周边的城市道路网络发达，有公共交通线路。从敬老院出口到最近的公交站，普通成年人大约需要步行 30 分钟。

介助型养老区位于敬老院内较深处的西南部分，从其主入口到敬老院主入口需穿过庭院。周边有两栋其他养老建筑和一栋多功能报告厅建筑。这些建筑围绕中心庭院布置，其中有池塘、环绕走廊、凉亭、花架和座椅等（图 26）。庭院内花草状态良好，绿树成荫（图 27）。庭院及室外活动区总面积约 1.8 万平方米，场地内绿化率大约 50%。根据调研组现场的观察和访谈，老人们喜欢在此庭院休闲，对户外环境反馈良好。

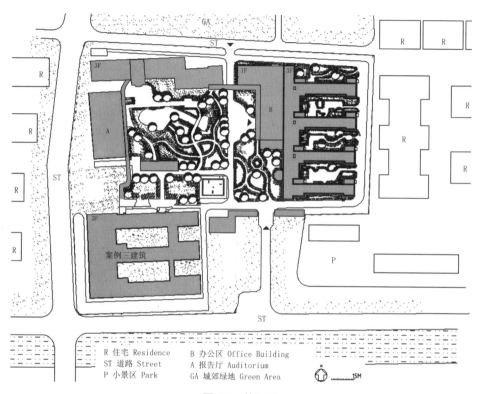

R 住宅 Residence　　B 办公区 Office Building
ST 道路 Street　　　A 报告厅 Auditorium
P 小景区 Park　　　GA 城郊绿地 Green Area

图25　总平面

图26　庭院水景

图27　庭院活动区

2. 建筑空间设计

本例介助养老建筑共3层，总面积约为6000平方米。建筑主入口北向设置，面向中心庭院。建筑的标准层共有三个平行而设、相对独立的居住区，由一个中部活动区连接（图28）。居住区全部为南北朝向，北侧为走道，南侧为老人居室。每层共有单开间居室31间（均面积约为23平方米），一室一厅居室一套（面积约为40平方米），两室一厅居室一套（面积约为50平方米）；老人可以活动的公共区域面积为平均每层接近850平方米（含半开放活动区和走廊部分）。主要活动区位于建筑中部，朝向为东，自然采光良好。

此建筑的竖向层高约为3米，走廊和公共区有吊顶。公寓首层有前台服务站、餐厅、厨房等（图29）。标准层设有综合活动区。入口附近有两部电梯供老人使用，各个居住区分别设有楼梯1～2部，竖向交通分区和流线清晰。

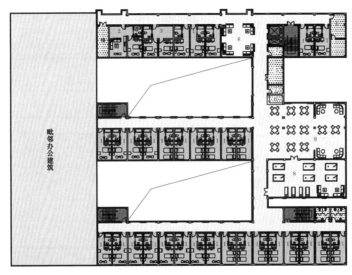

1 单开间 Studio
2 一室一厅 1-Bodroom Suite
3 二室一厅 2-Bedroom Suite
4 办公室 Office
5 多用间 Muitipurpose Room
6 服务台 Front Desk
7 储藏室 Storage
8 活动区 Activity Area

图 28　建筑标准层平面图

图 29　门厅

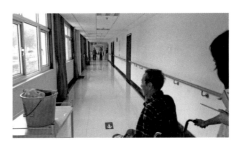

图 30　室内走廊

3. 建筑细节设计

此例老年公寓中的适老化设计包括走廊单侧的沿墙扶手和适老化楼梯等（图 30）。老人居室内附设的卫生间面积约为 4 平方米，其中安装有扶手和抓杆，有洗衣机放置空间（图 31）。与案例 1 相似，现场观察发现此案例中介助老人的居室内缺乏由建筑设计形成的存储空间（图 32），主要为家具储物。结合平面和竖向设计，此例建筑中的细部设计和空间利用率应有很大的提升空间。

图 31　居室卫生间

图 32　居室

4. 调研数据分析

研究组在此介助建筑中展开了问卷调研，共有 58 位居住于此的老人参与，其中有 28 位女性，56 位汉族。他们平均年龄为 79 岁，教育程度平均是中专至高中，居住时间平均为四年二个月，居住形式平均为 2.2 人 / 居室。这些老人对自己的健康状况自评均值为"一般"到"好"（自评的范围是从"不好"到"超好"），他们自报在日常生活中需要的帮助有 3 ～ 4 项（例如收拾屋子、做饭、洗衣和购物等）。工作人员中有 8 位参与了现场问卷调研，他们的平均年龄为 47 岁，其中 6 位女性、7 位汉族，教育程度平均是初中至高中，在此工作时间平均为六年二个月。

针对调研问卷中列出的 10 项建筑及环境设计因素，58 位老人的答卷显示：室内采光、总体布局、户外活动空间、家庭感室内装饰和集体活动空间对他们是较重要的五项。针对此例老年公寓的产业竞争力，参与调研的老人给出的评分为平均 9.6 分。目前此例中的介助床位已经满员，有等待入住的申请人。

中国案例 4：公办介助养老院 Chinese Case 4

此例养老院建于 2006 年，位于东部一线城市的外环新区（原为市郊县镇），距离市中心有 2 小时车程。占地面积约为 3600 平方米，总建筑面积约为 5100 平方米，主体是一幢主体 3 层局部 4 层的综合养老服务楼（图 33）。共有三人居室 38 间和六人居室 20 间，设计总床位数 250 张。提供的服务范围包括自理和介助两个级别，基本收费标准约为每月平均 1500 元 / 人。目前入住共有 175 位老人，其中 80% 是介助老人。

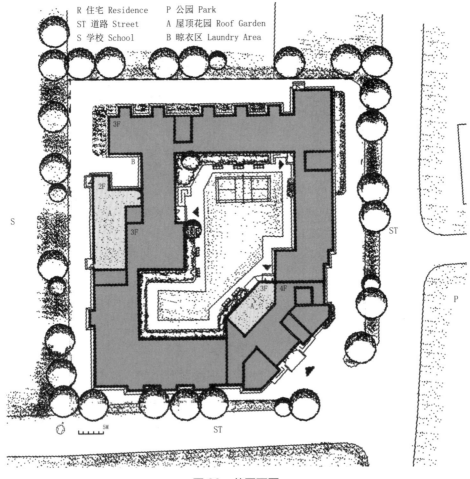

图 33　总平面图

1. 周边环境条件及场地

此例养老院位于城市新区，原为乡镇区域，周边环境尚未大规模开发。养老院与河道景观隔路相望,附近有少量超市等商业点。场地北侧为纪念陵园；南侧为当地小型企业；西侧与当地中学相邻；东侧为河道和景观绿化带。周边有基本道路网络，无公共交通线路。从养老院出口到附近小超市，普通成人步行需 20 分钟左右；如果到附近的河边公园需要穿过车行道路。调研中没有观察到有老人独立或与陪同人员外出。

养老院室外活动区主要是由建筑自身围合而成的内庭院，其地面处理为人工草地，有跑道、健身器械和少量座椅等（图 34）。室外活动区总面积约800 平方米，场地内绿化率约 15%。现场观察少有老人在内院停留。

图 34　内庭院活动区

图 35　室内中心区

2. 建筑空间设计

本例建筑的标准层（3 层）平面如图所示（图 36）。标准层的平面包括东、南、北三个居住分区和西侧的服务和办公区。居住区有三人居室（均面积约23 平方米）和六人居室（均面积约 38 平方米）两种类型。主要的半开放活动区位于平面的东南角，此区在首层为入口门厅，局部跨层为高空间（图 35）。调研观察发现居住区走廊是很多老人活动的主要区域。走廊开窗面向内庭，采光良好，宽度约为 2.4 米；走廊上布置有简单桌椅，老人们多数在其居室门口的走廊上停留闲坐（图 37）。东南部分的活动区布置有会议形式的桌椅，有老人参加集体活动如医疗义诊等。其他活动室包括阅览室、康复室和多功能活动室（图 38）。

建筑的竖向层高约 3 米，室内局部吊顶。垂直交通在东南活动区部分有一部电梯和两部楼梯，另外共有三部楼梯分布在各区中部。建筑的首层西区设有厨房、餐厅和洗衣房；二层西区为办公服务。调研中发现，多数介护老人由工作人员送餐到居室，位于首层的综合餐厅在就餐时间到访人数并不多。

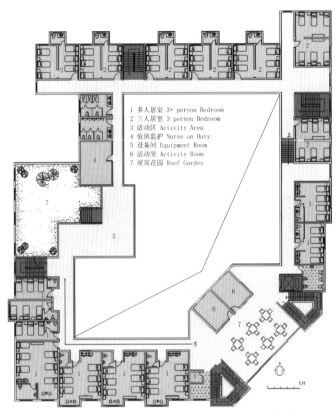

1 多人居室 3+ person Bedroom
2 三人居室 3 person Bedroom
3 活动区 Activity Area
4 值班监护 Nurse on Duty
5 设备间 Equipment Room
6 活动室 Activity Room
7 屋顶花园 Roof Garden

图 36 建筑标准层平面

图 37 室内走廊

图 38 室内活动区

3. 建筑细节设计

此例养老院中的适老化设计包括走廊内单侧设置的沿墙扶手、卫生间扶手抓杆、居室床头呼叫装置等（图 39）。老人居室内附设的卫生间面积约为 3 平方米，整体装修有适老化理念。卫生间地面与室内其他区地面无高差（有防水格栅）；洗手池周边有扶手抓杆（图 40）。现场调研发现，老人居室比较拥挤，床位均面积小，缺乏储物空间；半开放公共活动区例如走廊尽端区域，空间布置缺少细节，使用率较低。结合平面和竖向设计，此例建筑中的细部设计和空间利用率应有很大的提升空间。

图 39　居室

图 40　居室卫生间

4. 调研数据分析

本课题组在此养老院中展开了问卷调研，共有 59 位老人参与，其中有 35 位女性，46 位汉族。他们平均年龄为 79.3 岁，教育程度平均是小学至初中，居住时间平均为三年一个月，居住形式平均为 2.8 人 / 居室。这些长辈们对自己的健康状况自评均值为"一般"到"好"（自评的范围是从"不好"到"超好"），他们自报在日常生活中需要的帮助有 3 ~ 4 项（例如收拾屋子、做饭、洗衣或吃药等）。问卷调研也邀请到 24 位工作人员参与，其中有 31 位女性，47 位汉族。他们平均年龄为 40.6 岁，教育程度平均在初中到中专，在此养老院的工作时间平均为三年九个月。

针对调研问卷中列出的各项建筑及环境设计因素，59 位老人的答卷显示：室内采光、户外活动空间、家庭化装饰、个人单元布局和集体活动空间对他们是较重要的五项。针对此例老年公寓的产业竞争力，参与调研的老人给出的评分为平均 9.1 分；工作人员给出的评分同样为 9.1 分。根据调研得知，此例老年公寓中床位入住率约在 70%。

中国案例 5：民办商业型介助养老院 Chinese Case 5

　　此例中的介助养老院属于中外合资经营，位于中国东部一线城市外环区域，建于 2013 年。占地面积约为 4200 平方米，总建筑面积约 3700 平方米，主要包括一栋养老综合楼、内庭院和小型下沉花园（图 41）。养老院共有 89 套居室，包括单开间居室和一室一厅居室，设计床位数为 110 个。此例养老院的商业运行模式主要为租住会员制，具体费用包括 30 万 ~ 50 万入住费和每月平均 2 万元的管理费。

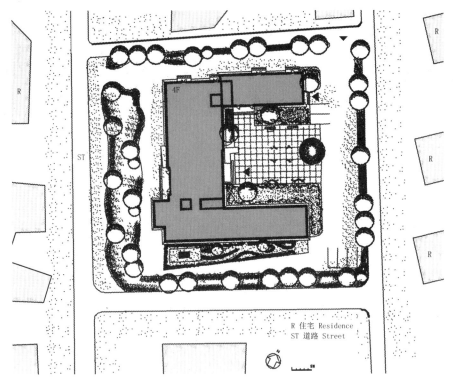

图 41　总平面图

1. 周边环境条件及设计

　　此例养老院位于城市外环的居住小区内，距离市中心约 2 小时车程。养老院场地北侧为办公建筑；南侧为养老院二期场地；东西两侧主要是多层住宅楼。附近街区内有医疗卫生站和少量商业服务点。周边城市道路网络发达，有少量公共交通线路。现场调研发现从养老院出口到最近的公交站，普通成年人步行大约需要 10 分钟。调研期间没有观察到有老人自行或有人陪同步行往返公交车站和周边商业点。

养老院场地中心有内庭院，其中大部分面积为砖铺硬地，局部有树木及灌木绿化，面积约为 1100 平方米（图 42）。建筑南侧有沿墙而设的条形下沉花园，面积约为 400 平方米，其中有健身器械和室外座椅（图 43）。室外活动区总面积约为 1500 平方米，场地内绿化率接近 10%。现场观察发现内庭院缺乏空间细节处理，例如无停留空间和遮阳设计，在工作人员组织下，有老人在内庭院参与健身操运动；而在室外下沉花园里未见到有老人活动。

图 42　内庭院

图 43　室外下沉花园

2. 建筑空间设计

此例养老建筑的平面为 U 形，开口朝向为东。由建筑自身围合而成的内庭院相对周边环境来讲较为独立安全，是老人们的主要室外活动空间。此建筑本身共 4 层，其标准层平面如图所示（图 44）。标准层有南、北、西三个居住区，共有 26 套居室，其中 23 间单开间居室（均面积是 18 平方米 / 套），三套一室一厅居室（均面积是 36 平方米 / 套），所有居室未设置阳台。标准层中部东侧为半开放式的公共活动区，采光良好，调研发现行动不便的老人常在所居楼层的活动区参与集体活动（图 45）。

此建筑的竖向层高约为 3 米，室内全部吊顶。垂直交通在南北两端区域转角处各有一部电梯和一部楼梯，交通分区和流线清晰。建筑的首层有门厅及活动区、餐厅、厨房及办公服务区（图 46）。二、三、四层设有老人居室和不同类型的活动空间，如书画室和阅览室等。

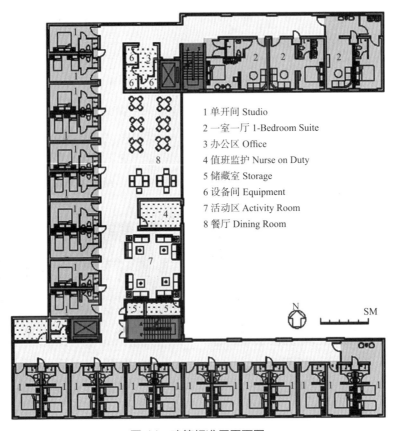

1 单开间 Studio
2 一室一厅 1-Bedroom Suite
3 办公区 Office
4 值班监护 Nurse on Duty
5 储藏室 Storage
6 设备间 Equipment
7 活动区 Activity Room
8 餐厅 Dining Room

图 44　建筑标准层平面图

图 45　室内活动区

图 46　门厅

图 47　走廊　　　　　　　　　　　　　　　　图 48　居室

3. 建筑细节设计

此建筑内的室内环境由合资开发商统一设计和装配，适老化设计深入各个空间。例如地面的处理考虑周到，色彩花色统一有变化，材质方面也满足了安全防滑和清理维护两方面的需要。设计标准高端，可以看到大量西式设计的影响。对公共空间的处理注意到了细节，例如在走廊中布置有座椅，便于老人休息，促进交流（图 47）。老人居室内的厕所和床椅等家具标准较高，适合介护老人在不同健康状况下的使用（图 48）。现场调研发现，养老院室内的装修高端，西式和商业感强，但中国文化氛围和家居感较弱。

4. 调研数据分析

本课题组在公寓中展开了问卷调研，共有 34 位居住于此的长辈参与，其中 23 位女性，31 位汉族。他们平均年龄为 83.5 岁，教育程度平均为高中到大学，居住时间平均为 7 个月，居住形式平均为 1.3 人 / 居室。这些长辈们对自己的健康状况自评均值为"好"到"很好"（自评的范围是从"不好"到"超好"），他们自报在日常生活中需要的帮助有 2 ～ 3 项（例如收拾屋子、做饭或洗衣）。问卷调研也邀请到 13 位工作人员参与，其中有 8 位女性，12 位汉族。他们平均年龄为 27.3 岁，教育程度平均为中专到高中，在此养老院的工作时间平均为 8 个月。

针对调研问卷中列出的 10 项建筑和环境设计因素，34 位老人的答卷显示：集体活动空间、户外活动空间、家庭感装饰、休闲设施和个人单元空间对他们是较重要的五项。针对此例老年公寓的产业竞争力，参与调研的老人给出的评分为平均 9.2 分。工作人员给出的评分为平均 8 分。调研期间，此例养老院全部 89 套居室中有 65 套已经入住（73%）。

4.3 医疗护理型养老机构 Nursing Care Facilities

医疗护理型的养老环境（例如老年护理院）主要为无自理能力的老人提供必需的医疗护理和生活服务。在老年人中（尤其是高龄老人中）存在由于多种原因造成的失智或失能现象，这一部分老人的生活需要依赖长期的医疗护理。面向这些老年人的养老机构中提供医疗护理服务和日常居住环境。在护理院中，这些老人可以得到全天候的护理、康复锻炼、起居、餐饮、清洁卫生等服务。近年来商业性质的护理院不断出现，通常在养老市场上的定位高端，提供多方位专业护理服务。

中国案例 6：公办护理型养老院 Chinese Case 6

此例养老院位于东部一线城市的外环新区（原为市郊县镇），距离市中心约 2 小时车程。养老院始建于 1987 年，2007 年经过改扩建后形成目前的规模。目前占地面积约为 2200 平方米，总建筑面积约为 3500 平方米，主体建筑是一幢 5 层的综合养老服务楼（图 49）。养老院共有大小居室 32 间，其中单开间居室 26 间（含双人间和单人间），多开间专护房 7 间，核定床位数是 80 张。提供的养老服务包括半自理和护理两个级别，基本收费标准约为每月平均 1500 元 / 人。目前 80 床位已满，入住率为 100%，其中 60 位老人日常需要医疗护理服务。

1. 周边环境条件及场地建筑空间设计

此例养老院位于住宅区内部，附近有菜场和超市等商业点（图 50）。场地北侧为旅馆；南侧为多层住宅楼群；西侧为办公楼；东侧隔墙即为社区小学，与养老院有小门相通。周边小区人口密度较高，城市道路网络发达，有公共交通线路。从养老院出口到附近小超市，普通成人步行需 3 分钟左右。调研中观察到有老人独立外出。养老院室外活动区主要是建筑入口前的场地，总面积约为 600 平方米；其地面处理为方格硬地，场地内绿化率低于 5%。活动区有少量座椅和室外晾衣处，现场观察有个别老人在前院停留（图 51）。

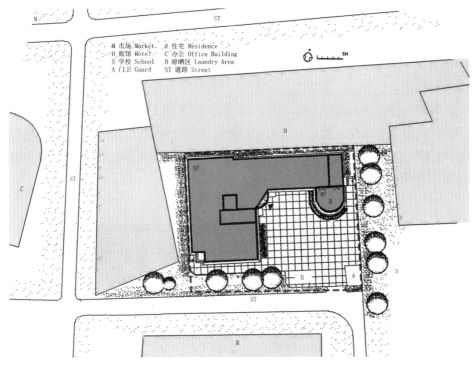

图 49　总平面图

图 50　周边环境

图 51　室外活动区

2. 建筑空间设计

本例建筑的标准层平面如图所示（图 52）。标准层的平面主要包括南北两个居住分区和中部的服务区。北区为单开间居室 6 间，南区为多开间专护房，中部有楼电梯和老人浴室。具体居室区设计为单开间居室，共用一个附设的卫生间，而专护房间无内设卫生间。室内半开放活动区位于平面中部转角处

（图 53）。调研中观察发现，北居住区的南向走廊是老人活动的主要区域。走廊宽度约为 2.4 米，采光良好，布置有简单桌椅，老人们多数在其居室门口的走廊上停留闲坐（图 54）。走廊东段的活动室布置有会议形式的桌椅，用于集体活动。

建筑的竖向层高约 3 米，室内局部吊顶。垂直交通有一部电梯和两部楼梯。建筑的首层设有厨房、餐厅和洗衣房；老人浴室分别位于二层和三层的中部服务区。调研中发现，此机构通常由工作人员送餐到老人居室，位于首层的综合餐厅在就餐时间到访人数较少。

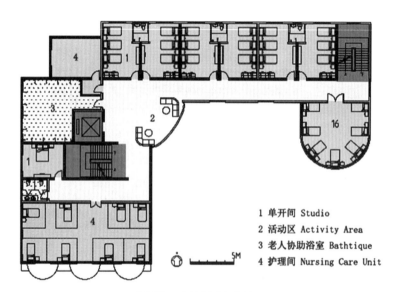

1　单开间　Studio
2　活动区　Activity Area
3　老人协助浴室　Bathtique
4　护理间　Nursing Care Unit

5M

图 52　建筑标准层平面

图 53　室内活动区

图 54　室内走廊

3. 建筑细节设计

此例养老院中的适老化设计包括走廊内设置的沿墙扶手、各房间及公共浴室内的应急呼叫装置、无高差地面和地面防滑材料等。老人单开间居室内附设的卫生间面积约为 3 平方米，局部安装有扶手，但洗手池周边无抓杆（图55）。现场调研发现，老人居室比较拥挤，床位均面积小，缺乏储物空间（图56）。室内半开放公共活动区的空间缺少细节，使用率较低。结合平面和竖向设计，此例建筑中的细部设计和空间利用率应有很大的提升空间。

图 55　居室卫生间　　　　　　　　图 56　居室

4. 调研数据分析

本课题组在此养老院中展开了问卷调研，共有 45 位老人参与，其中 36 位女性，44 位汉族。他们平均年龄为 78.3 岁，教育程度平均是小学至初中，居住时间平均为四年一个月，居住形式平均为 2.3 人/居室。这些长辈们对自己的健康状况自评均值为"一般"到"好"（自评的范围是从"不好"到"超好"），他们自报在日常生活中需要的帮助有 4～5 项（例如收拾屋子、做饭、洗衣、吃药或买东西等）。问卷调研也邀请到三位工作人员参与，其中有一位女性，三位汉族。他们平均年龄为 48.3 岁，教育程度平均为中专，在此养老院的工作时间平均为 13 年。

针对调研问卷中列出的 10 项建筑及环境设计因素, 45 位老人的答卷显示：室内采光、总体布局、户外活动空间、家庭化装饰、公共区布局和集体活动空间对他们是较重要的五项。针对此例老年公寓的产业竞争力，参与调研的老人给出的评分为平均 8.6 分；工作人员给出的评分为 10 分。根据调研得知，此例老年公寓中床位入住率约为 70%。

中国案例 7：民办商业型护理养老院 `Chinese Case 7`

此例中的护理养老院于 2014 年 5 月开业，属于中外合资经营，位于中国东部一线城市外环区域。占地面积约为 4800 平方米，总建筑面积约 5900 平方米，主体为一栋养老综合楼，场地内包括东区入口处的开放及停车区域和南侧的室外花园（图 57）。养老院共有 134 套居室，包括单开间居室和一室一厅居室，核定床位 260 张。此例养老院的商业运行模式主要为租住会员制，具体费用包括 30 万 ~ 50 万入住费和每月平均约 1.3 万元的管理费。

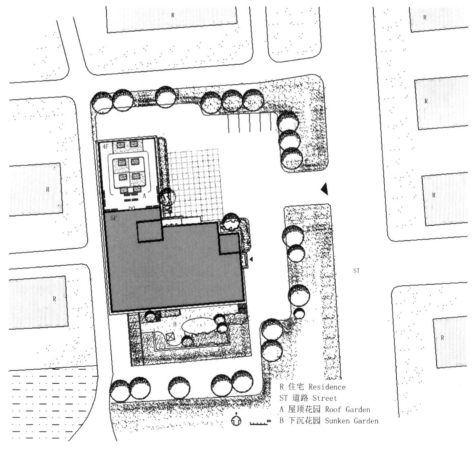

R 住宅 Residence
ST 道路 Street
A 屋顶花园 Roof Garden
B 下沉花园 Sunken Garden

图 57　总平面图

1.周边环境条件及场地

此例养老院位于城市外环，距离市中心约 2 小时车程。养老院周边为居住区和别墅区，场地北侧和东西两侧为住宅区；南侧为预留绿地，附近街区内有少量商业服务点（图 49）。周边城市道路网络发达，有少量公共交通线路。现场调研发现从养老院出口到最近的公交站，普通成年人步行大约需要 10 分钟。调研期间养老院大门日常为关闭状态，没有观察到老人自行或有人陪同步行往返周边商业点。

养老院包括一栋局部 5 层的养老综合楼，建筑南侧的小型花园，有树木绿化和遮阳篷等，面积约为 1100 平方米，其中有健身器械和室外座椅。建筑入口前的室外地面处理为大块硬地，其中可供活动的区域面积约 600 平方米。场地内的总绿化率约为 20%。建筑的四层屋面局部处理为开放式屋顶花园，还有专为五层设置的失智区老人服务。现场调研和观察到室外花园有老人活动，也有个别老人由工作人员陪同在前院闲坐。

2.建筑空间设计

此例养老建筑的平面呈 L 形，开口朝向东北。建筑南侧的花园环境较为安静，采光良好，是老人们的主要室外活动空间。建筑本身共 5 层，有 94 套居室，皆为单开间居室（均面积约 28 平方米 / 套）。其标准层有南部和西部两个居住区，平面如图所示（图 58）。标准层中部东侧为半开放式的公共活动区，采光良好，多数行动不便的老人在所居楼层的活动区参与集体活动。此建筑的顶层为失智老人护理楼层，楼层走廊呈环形，适合失智者徘徊往复行走（图 59）。顶层北端为特设的露天开放式屋顶花园，设有人工草坪、园艺种植箱和安全围护栏（图 60）。

建筑的竖向层高约为 3 米，室内全部吊顶。垂直交通在南北两端区域转角处各有一部电梯和一部楼梯，交通分区和流线清晰。建筑的首层主要为门厅活动区和服务区，包括餐厅、厨房和办公；2 ~ 4 层为护理楼层，设有居室和不同类型的活动空间；顶层为失智照顾楼层。

3.建筑细节设计

此建筑内的室内环境由合资开发商统一设计和装配，适老化设计深入各个空间。地面的材质方面满足了安全防滑和清理维护两方面的需要。室内走廊布置了座椅，便于老人休息，促进交流。老人居室内有落地窗和外挑窗台

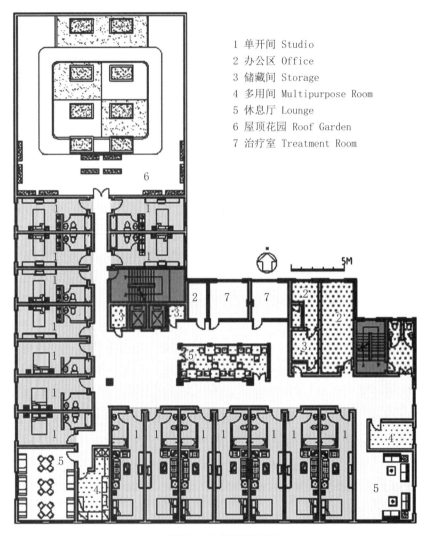

1 单开间 Studio
2 办公区 Office
3 储藏间 Storage
4 多用间 Multipurpose Room
5 休息厅 Lounge
6 屋顶花园 Roof Garden
7 治疗室 Treatment Room

图 58　建筑顶层平面

设计（图 61）；厕所和床椅等家具标准较高。在失智护理区，电梯及通道门设计为书架，防止老人走失（图 62）；在失智老人居室门口设计有个人专属的人生故事展板，帮助老人找到自己的房间；室内活动室双侧开窗，窗面为钢化玻璃，便于安全及工作人员观察照护；局部顶棚设计为天空色彩，有助于身心放松。现场调研发现此案例的室内装饰西式风格和商业感较强，中国文化氛围和家居感较弱。

图 59　失智活动区

图 60　屋顶花园

图 61　居室窗景

图 62　室内活动区

4. 调研数据分析

本研究组在此机构中共问卷访谈调研了 13 位老人，平均年龄 79.5 岁，其中 5 位女性。这些老人全部为汉族，受教育程度均值为中专或高中，平均居住时间为 9.7 个月。他们的健康自评均值为"好"到"很好"（自评的范围是从"不好"到"超好"），自报平均需要三项以上的日常生活协助（包括房间整理、洗衣、餐饮、服药等），其中半数以上的老人日常吃药需要帮助。问卷调研也邀请到 20 位工作人员参与，其中有 13 位女性，17 位汉族。他们的平均年龄为 25.7 岁，教育程度平均在中专到高中，调研当时在此养老院的工作时间平均为 10 个月。

针对调研问卷中列出的 10 项建筑及环境设计因素，13 位老人认为养老环境中最重要的因素包括室内光线，室外活动区，老人居室布局和供集体活动的空间。针对此例老年公寓的产业竞争力，参与调研的老人给出的评分为平均 7.6 分。工作人员给出的评分为平均 8.9 分。调研期间，此例养老院全部 134 套居室中有 52 套已经入住，入住率为 43%。

第5章 美国案例

Case Studies in the USA

7 American senior-living facilities are discussed in this Chapter. There are 2 independent living facilities, 3 assisted-living facilities, and 2 nursing care facilities. Factors of environmental design are introduced at 3 levels: 1）site, 2）building, and 3）design details.

　　参照国际惯例和标准，本书依照服务类别把美国养老机构分为以下三类：1）自理生活型养老机构（Independent Living Facility），例如老年公寓；2）协助生活型养老机构（Assisted Living Facility），例如协助生活养老院；3）医疗护理型养老机构（Nursing Home），例如老年护理院。

　　本章针对机构实证环境开展分析，各个类型分别包括了2～3个案例，共7个案例报告。其中自理生活型养老建筑案例包括美国南部乡镇老年公寓和美国西岸艺术沙龙老年公寓。协助生活型养老建筑案例包括美国南部小型城镇协助生活养老院、西岸日出养老组织分支机构一和机构二。医疗护理型养老建筑案例包括美国西岸日出养老组织分支机构三和东北部大型老年医疗中心的长期护理院。

　　在大中型养老机构中，常常包括多个级别的养老服务，本章以建筑单体为单位，依据服务级别展开案例分析。具体的个案分析内容包括：1）周边环境条件及场地设计；2）建筑空间设计含平面布置和竖向空间分布等；3）建筑细节设计含构造和室内等。

5.1　自理生活型养老机构 Independent-living Facilities

　　美国的自理型养老机构通常称为 Independent Living Facility，一般译为独立生活公寓或老年公寓。这些机构为生活可以自理的老人服务，为他们提供符合老年体能及心态特征的集中居住式养老环境。公寓式老年住宅是常见的自理型养老建筑，其中有独立或半独立家居形式等。老年公寓中一般提供配套生活服务，包括社会工作服务、餐饮、清洁卫生、日常保健、文娱活动等。

美国案例 1：南部乡镇老年公寓 American Case 1

　　本例中的老年公寓建于 2003 年，属于一家拥有 14 个分支机构的养老服务连锁组织。公寓位于美国南部小城的外环区；小城有大约 8 万人口，距离美国第四大城市休斯敦城区约 3 小时车程。提供的养老服务以自理型为主，兼有协助生活型养老，共有居室 76 套，核定养老床位 95 张。入住老人主要来自当地和周边城市。

　　1. 周边环境及场地设计

　　此例老年公寓位于小城外环，周边商业设施少，环境僻静。场地北侧和东侧为郊区空地；南侧紧邻办公区和独立住宅区；西侧为当地教堂（图 63）。附近街区内设有提供生活用品的商业点，最近的商业超市区在 5 公里以外。周边的道路网络发达，但无公共交通线路。独立出行的老人需要自己驾车；公寓则定期提供小型巴士为老人集体外出服务。自行外出的不便和对交通服务的依赖，局限了老人们独立活动的范围和生活内容（图 64）。

　　公寓场地面积约 1.8 万平方米，主体建筑共五排，各排中部由全封闭的廊道垂直连接。各排之间的室外空间有灌木绿化、步行小道、花架和座椅等；最后排的区域有小型花园（图 65）。庭院内花草状态良好，但没有设置室外健身器械。室外活动区域的总面积约为 4800 平方米。根据现场观察和访谈，此地区夏季炎热，冬季相对温暖，老人们对户外环境反馈良好，但更喜欢在室内廊道散步（图 67）。

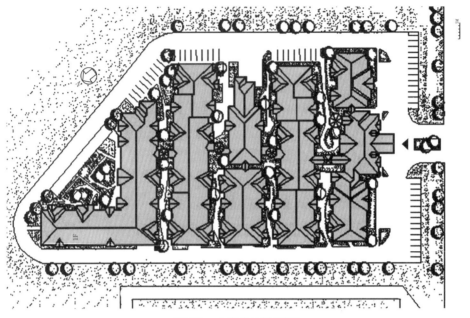

图 63　老年公寓总平面

图 64　入口环境

图 65　室外

2. 建筑空间设计

本例老年公寓为南北朝向的平层坡顶建筑，总建筑面积约为 6800 平方米。五排单体建筑由中心廊道分成九个居住区和一个位于中部的餐厅区；前排居住区入口处设有前厅和活动区（图 66）。其中居室的总面积约为 4800 平方米；公共活动区（包括中心廊道）总面积约 320 平方米；厨房办公等服务面积约 300 平方米。各居住区有 4 ～ 10 套居室，呈内廊式布置；共有一室一厅 67

套（均面积 50 平方米）和两室一厅 18 套（均面积 76 平方米）。中心廊道整体封闭，有大开窗。入口附近的活动区兼做多功能活动厅（图 68）。

此建筑为平层坡屋顶，室内有吊顶，净空高度约为 9 英尺（2.8 米）。中心廊道联通各个区域，室外有庭院绿化分隔，交通分区和流线清晰。廊道自然采光良好，平面局部放大为休息区，有座椅布置和展示活动。值得强调的是，现场观察到入口前厅的活动区很受老人欢迎，其中的邮件收发区光线和视角良好，经常有老人闲坐、聊天、观看来往车辆和行人等。

1. 门厅 Lobby
2. 单间 Studio
3. 办公室 Office
4. 储藏室 Storage
5. 餐厅 Dining room
6. 厨房 Kitchen
7. 活动区 Activity area
8. 多功能活动室 Activity room

图 66　建筑平面图

图 67　中心廊道

图 68　活动区

3. 建筑细节设计

此例老年公寓有适老化设计，包括室内外防滑坡道和沿墙扶手设计等。老人居室内附设卫生间，安装有扶手和抓杆；居室内有存储空间设计，实用性强。现场观察发现室外活动区内的绿化和设计细节不足，空间感觉较空旷；多数老人在此不做停留或停留时间很短，环境使用率较低（图3）。结合平面和景观设计，此例建筑中的细部设计和空间利用率有提升空间。

4. 环境设计和竞争力调研

此公寓的环境设计主要针对本地及附近地区的自理老人。研究组在公寓进行环境观察的同时，与老人和工作人员展开访谈。工作人员反映老人们的平均年龄在75至80岁之间，生活可以自理，热心集体活动，尤其喜爱在入口处晒太阳、观看来往车辆和行人、等待邮件等。现场观察也显示入口处活动区的使用率比其他活动区要高。另一方面，老人们把自己的日常生活总结为"三餐和一邮件"即"Three Meals and OneMail"。此现象从侧面反映了公寓老人日常生活内容的枯燥，在一定程度上与公寓所处地区的周边交通和人居稀少的情况有关。

针对此公寓的产业竞争力，研究组展开了网上调研，共收集到41份来自老人和家属的反馈。这些老人和家属对公寓的总体评分为9.5分。调研访谈了解到，此公寓中依居住者情况的变化，通常有空居室6～8套，入住率约为92%。

美国案例2：西岸艺术沙龙老年公寓 American Case 2

本例中的年老公寓建于2012年，由商业房产公司开发建造，合作机构包括当地银行以及8家社会福利和政府机构。此公寓出租给55岁以上的自理型老年人或以老年人为中心的家庭，属于老年专属社区。居民来自美国各地，其中本州居民约占60%。公寓最大的特色是通过与艺术赞助商合作，让居民可以参与公寓内举办的免费艺术活动（如各种展览、表演、和学习班等）。公寓共有161套居室，可供约400位老人及其家人居住。

1. 周边环境条件及场地设计

此例公寓位于美国第二大城市洛杉矶的市区外环，周边道路网络发达，生活和商业气氛较浓。场地北侧以办公区为主；南侧以居住区为主兼有餐饮服务等；东侧为当地商业区有生活超市和电影院等；西侧街区内有小型医院和公共绿地（图 69）。由公寓出口步行至最近公共交通车站约 3 分钟。现场调研中观察到居民们自行外出便利，日常活动范围较大，生活内容丰富。

公寓场地面积约 7500 平方米，主体建筑的平面呈"n"字形，开口为南向；场地南部的单体小建筑为公寓活动中心（图 70）。由建筑围合而成的内庭院位于地上二层，实为空中花园，其中有设计良好的绿化、水景、休息区和小型温水池；庭院内采光良好，空间丰富（图 71）。建筑东翼的地上二层设有花园种植区，有连廊直通室内，其中的花草由居民管理，很受欢迎。以上室外活动区总面积约 1900 平方米。

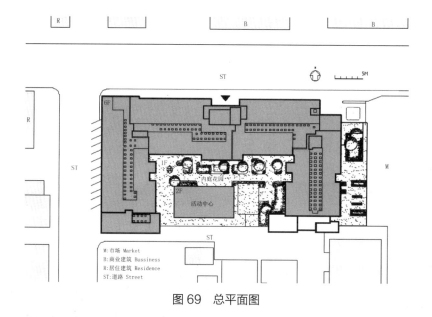

图 69　总平面图

图 70　建筑鸟瞰图

图 71　内院空间

2. 建筑空间设计

本例公寓主体建筑为地下 2 层，地上 6 层，总面积约 2.9 万平方米。建筑地下的二层为停车场。建筑地上的中部区域（即地下停车场的屋顶）开辟为内庭式花园。其他地上部分有呈围合布置的东、西、北三个区域，各区内部为内廊式交通，空间内容包括居室和各类公共活动区等。空间竖向设计有层高变化，地面首层层高约 5 米，沿街面布置各种展示厅、画廊、艺术工作间等吸引居民和周边社会的关注（图 72）；其他设于首层的公共空间有门厅、办公、健身房和计算机室等（图 73）。公寓活动中心为设于内庭中的单体建筑，其中包括一个 99 席的剧场空间。公寓中各类室内活动区的总面积约 5000 平方米。

地上二层以上主要为居室空间，共有居室 161 套，其中包括单开间、一室一厅及二室一厅；每套居室皆包括阳台或露台等半开放的室外空间。顶层平面的外轮廓局部收进，形成楼顶露台，便于居住在顶层的老人接触室外。居室的层高约为 3 米，平面形式多样，面积为 42 ~ 79 平方米不等（图 74、图 75）。

图 72　画廊

图 73　门厅活动区

3. 设计细节

此例老年公寓的环境设计理念不同于常见的养老机构。与养老机构中常见的怀旧气氛不同，此公寓中的整体环境和细节设计都具有很强的现代感。在室内走廊等处，并没有设置沿墙扶手等；通往空中花园和种植区的室外楼梯为全开放式，附有金属扶手和防滑条。同时，室内的饮水台设计为高低二层，为轮椅使用者提供方便；室外的小型温水池附设有升降吊架，帮助行动不便的老人。老人居室内部有适老化设计，注重存储空间，并专设开放式厨房区。

考虑到此公寓的使用者为 55 岁以上人群，其中大部分为相对年轻的"准"老人，公寓的设计理念可以理解为两个方面：一方面以现代感的环境促进居民保持年轻心态；另一方面从局部细节入手，帮助老人逐步适应老龄带来的变化。整体来看，此公寓的空间设计注重细节，室内外小品、装饰、绿化与家具搭配和谐，尺度舒适。结合平面和景观设计，此例中的细部设计和空间处理值得推荐。

1:生活区 Living Area
2:厨房 Kitchen

图 74　单开间居室平面

1:生活区 Living Area
2:厨房 Kitchen

图 75　一室一厅居室平面

4. 环境设计和竞争力调研

此例公寓的环境设计定位是为"准"老人服务，服务对象来自全美各地。针对环境设计，本课题组开展了现场观察和员工访谈调研。工作人员反映公寓的总体理念为"Aging is Opportunity"即"老龄带来机会"，强调老年人较多的空闲时间可以帮助他们追求兴趣爱好，比如绘画艺术等。现场观察发现居民生活内容丰富，常常独立出入，公寓中没有老年机构中常见的缓慢气氛，艺术展览和参与型节目等活动很受欢迎。目测居民们的年龄大多在 65 ~ 75 之间；部分老年人与家人合住在此，有儿童和成年人出入公寓。

针对此公寓的竞争力，本研究组展开了网上调研，共收集到 14 份反馈意见。老人和家属对公寓的总体评分为 8.4，希望公寓加强管理，入住手续及各类补贴的申请程序能够简化。公寓租金和其他收费的标准依据居室形式和面积大小而定，平均约为 1500 美元 / 月，大部分居民使用社会福利和补贴支付部分费用。调研期间，资料显示综合入住率约为 68%。

5.2 协助生活型养老机构 Assisted-living Facilities

此类养老机构面向那些虽然生活不能自理，但还不需要专业护理的老人，包括一些生活行为对扶手、拐杖、轮椅等设施有依赖的老年人（也称为协助生活老人）。这些提供协助生活型养老服务的机构在英文中称为 Assisted Living Facility。这些养老机构为老人提供日常生活中各方面的帮助，包括起居照顾、医药管理、餐饮、清洁卫生、文化娱乐活动等。

美国案例 3：南部小型城镇协助生活养老院 American Case 3

此例中的协助生活养老院始建于 1993 年，历经机构转换和更名，目前属于一家拥有 6 个分支机构的养老连锁组织。养老院位于美国南部小镇的郊区；小镇为南部著名大学城，总人口约 10 万。养老院共有居室 28 套，核定养老床位 36 张。入住的居民主要为当地老人，提供的服务以协助生活型养老为主，也有部分护理服务和临终关怀。

1. 周边环境条件及场地设计

此例养老院位于大学城郊区，周边无商业设施，环境僻静（图 76）。场地西侧为单体住宅区，北、南和东侧为树林及灌木区。附近街区内没有提供生活用品的商业点，最近的商业超市在 4 公里以外。周边道路较少，最近的车站是 2 公里外的长途交通站；当地居民出行主要靠自驾汽车。养老院的老人计划出行需要预约巴士服务。受环境条件所限，老人们的日常生活范围主要在养老院的室内和建筑周边场地。

养老院的场地面积约 4600 平方米，建筑主体以内院为中心围合成"口"字形。内院面积约为 280 平方米，花草较少，无室外健身器械（图 77）。在现场观察和访谈期间，没有见到老人在内院活动，他们主要在入口的门廊处闲坐聊天和观看过往车辆（图 78）。

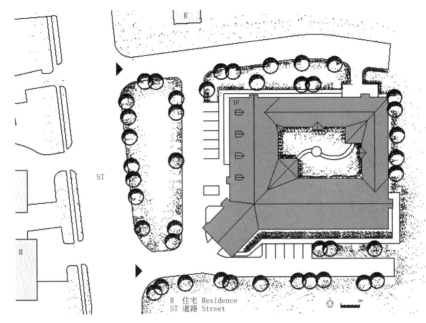

图 76　养老院总平面

图 77　内院

图 78　门廊

2. 建筑空间设计

养老院主体为一栋平层坡顶建筑，总建筑面积约 1600 平方米；建筑主体以内院为中心，分为东西南北四个区域（图 79）。主入口在建筑西南端，局部平面外延并设有门廊。入口周边布置了活动区（电视厅、餐厅、活动室）和服务区（接待、办公、厨房及配餐）（图 80）。室内活动区总面积约 350 平方米；服务区面积约 150 平方米。

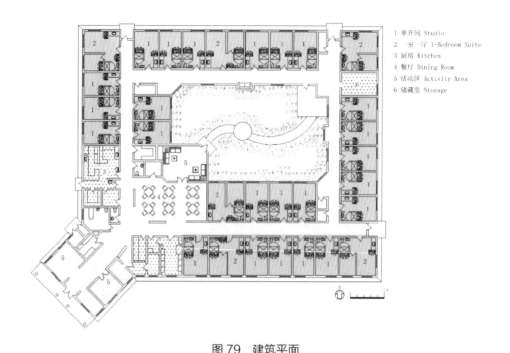

1 单开间 Studio
2 一室一厅 1-Bedroom Suite
3 厨房 Kitchen
4 餐厅 Dining Room
5 活动区 Activity Area
6 储藏室 Storage

图 79　建筑平面

　　靠近入口的西区和南区平面呈内廊式，双向布置老人居室；北区和东区则单侧布置居室，另一侧为沿内院而设的走廊。居室总面积约 700 平方米；共有单开间居室 21 套（平均面积 20 平方米），一室一厅居室 7 套（平均面积 40 平方米）。居室内净空间高度约为 2.7 米。室内走廊呈闭合环形，总长约 100 米，共有出入口四处。现场观察到有老人沿室内环形走廊持续行走锻炼身体。通过访谈得知，老人对室外气温变化和日晒风吹有顾虑，所以选择在室内行走进行锻炼。

　　3. 建筑细节设计

　　此例养老院室内有适老化设计，例如走廊沿墙扶手等。老人居室内附卫生间和存储壁柜。值得一提的是一处室内细节设计：每个居室入口处的内部侧墙上有一个嵌入式展示架，深度约 15 厘米，可供老人摆放一些个人纪念品如相框等（图 81）。这类设计思路并非首创，但此处以嵌入式的形式出现，既节省空间，增强家居感，同时又较为经济。

　　现场观察发现室外活动区的绿化和空间设计细节不足。养老院场地周边有原生灌木和植被，但没有适合老人的活动区。养老院的闭合内院没有树木花草和景观设计，无景可观游；调研期间没有见到老人在此走动。另一方面，平面四向围合的设计造成内院空间中视线干扰严重，身处其中缺乏环境安全感。结合平面和景观设计，此例建筑中的室外空间设计和利用率有很大的提升空间。

图80　餐厅

图81　居室展示架

4. 环境设计和竞争力调研

此例养老院的环境设计定位是本地区协助生活老人。研究组在进行环境观察的同时，与工作人员展开了访谈。他们反映居民的平均年龄在80岁左右，喜爱在入口处晒太阳、观看车辆和人员来往。现场观察也显示入口附近的活动区使用率较高；而专设的室内活动区（Activity room）开窗朝向内院，视野窄和自然采光不佳，使用率较低。工作人员把老人们的日常生活总结为"三餐"即"Three Meals"；从侧面反映了老人日常生活的枯燥，在一定程度上与公寓所处的地域位置以及周边交通和人居情况有关。

针对此例养老院的产业竞争力，研究组展开了网上调研，共收集到36份来自老人和家属的反馈。这些老人和家属对公寓的总体评分为7.9分（总分10分）。访谈资料显示此公寓中日常有空居室3～4套，入住率约为86%。

美国案例4：西岸日出养老组织分支机构一 American Case 4

此例中的协助生活养老院建于2004年，属于一家拥有120个分支机构的大型养老连锁组织。养老院位于美国西岸小型城市的市区；城市人口约3万，距离旧金山市区约 2 小时车程。养老院场共有居室共 59 套，养老床位 70 张。入住的居民主要为当地老人，提供的服务以协助生活型养老为主（70%），也有专设的小型失忆护理区（30%）。

1. 周边环境条件及场地设计

此例养老院地处市区,位于当地两条主要道路的交叉口,车行交通繁忙（图 82 ）。附近街区内以住宅为主，北侧 1 公里外为当地商业中心，南侧 1 公里外为高速交通干道。场地北侧紧邻预留空地;南侧紧邻道路(隔路对望是小商业区,包括餐厅和小超市);西侧紧邻道路（路对面为多层公寓），东侧为单体独立住宅区。周边道路日常车流量较大并且没有附设人行道。养老院的老人出行主要靠家人接送或预约巴士服务。院方定期有集体外出购物的活动。尽管地处市区,但老人们外出不多，日常生活范围主要局限于养老院室内和建筑周边的场地。

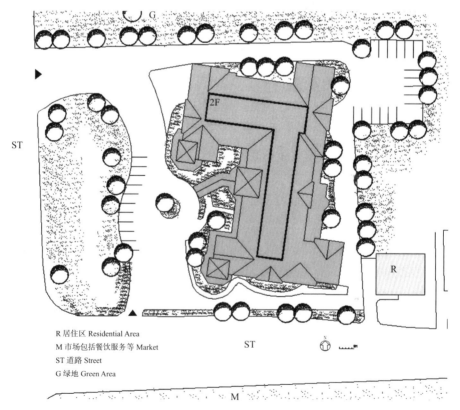

R 居住区 Residential Area
M 市场包括餐饮服务等 Market
ST 道路 Street
G 绿地 Green Area

图 82　总平面图

此例场地面积约为9800平方米，局部有景观设计，无室外健身器械。养老院的建筑平面呈'L'形，开口处朝向西南。建筑西侧距离道路约30米，有入口门廊、绿化带和停车场（图83）。南侧距离道路约10米，设置有灌木隔离带，但现场车流噪声仍十分明显；有步行小道通向建筑东侧的后院。后院景观区面积约300平方米，有沿墙外廊，方便老人闲坐和观看周边活动等（图84）。现场观察和访谈期间，没有见到老人在户外活动。

图83　入口室内

图84　后院门廊空间

2. 建筑空间设计

养老院的建筑为2层带坡屋顶，总建筑面积约为4300平方米。建筑主体可以分为中区、北区和南区。中区为门厅、楼电梯、活动室和办公服务等；北区的首层为失忆老人专区，北区二层和南区双层皆为协助生活老人居住区（图85）。主入口在首层中区的西端，设有向外延伸约20米的入口长廊。入口区内部有双层空间的前厅，包括开敞式楼梯和接待处；周边布置有电视厅和多个活动室。餐厅和厨房位于首层中区的东端，有独立出入口。

老人居住区相对独立，除设置区域入口外，内部设计也有不同。失忆老人区内部专设中心活动区，有封闭独立的室外庭院。协助生活居住区共有居室30套，其中单开间居室16套（均面积约45平方米），一室一厅14套（均面积约52平方米）。居住区内的走廊呈"L"形或"H"形，在转折处局部平面放大成为休息角，方便老人停留休息，促进交流。建筑的竖向交通设计在中部区域布置一部电梯和一部开敞楼梯；北区和南区各有一部楼梯。建筑层高首层约为 3.3 米，二层约为 2.7 米。

1 活动区 Activity area
2 一室一厅 1-bedroom Suite
3 单开间居室 Studio
4 二室一厅 2-bedroom Suite
5 医务室 Clinic
6 美发室 Hair salon

5m

图 85　建筑平面图

3. 建筑细节设计

　　此例养老院建筑内部有适老化设计。走廊设有沿墙扶手；居室内的卫生间考虑了轮椅使用者的需要（图 86）。每个居室的门口墙面都设有展示区，供老人展示个人相片、提高居室识别性和归属感；居室内设有壁柜，壁柜门的拉手选用了适合老人使用的按压推进形式。室内装饰注重细节，就地取材；调研得知其中大部分装饰是由养老院员工主导完成的。设计内容一方面注重创造家居感；另一方面注重回顾老人的年轻时代，让老人处在熟悉的环境中回忆美好时光。一些 20 世纪五六十年代美国的流行物品如明星海报和老式脚踏车等，摆放在居室走廊和公共休息区中，老人们常常驻足观看这些物品（图 87）。值得一提的是二层走廊东端的转角处有一处屋顶天窗设计；天窗在走廊深处引入了自然光，为僻静的走廊空间带来生机。

现场观察发现此例中室外活动区的绿化和空间设计不足。养老院场地周边有原生灌木和植被，但没有适合老人的活动区。后院尺度小，有树木但无景观设计，调研期间未见有老人在后院。工作人员在访谈中表示希望能有机会开发改善室外活动空间，尤其希望能在室外建造适合散步的道路。结合平面和景观设计，此例建筑中的室外空间设计和利用率应有提升的空间。

图 86　居室卫生间　　　　　　　图 87　室内活动区

4. 环境设计和产业竞争力调研

此例养老院的环境设计定位是本地区的协助生活老人。研究组在进行环境观察的同时，与工作人员展开了访谈。访谈得知居民们的平均年龄在 80 岁左右，大部分为女性；居住时间平均为 2 ~ 3 年；日常需要的生活帮助有 4 ~ 5 项，包括收拾屋子、做饭、洗衣和购物等。老人们喜爱在入口处停留、晒太阳、观看车辆和人员来往。访谈中强调了日常餐饮的质量和多样化对协助生活型的老人们非常重要，是他们和家人选择养老机构的重要考量；另一方面是内部环境陈设的质量，本例养老院对此项内容投入了大量经费。

针对此公寓的产业竞争力，研究组展开了网上调研，共收集到 45 份来自老人和家属的反馈。这些老人和家属对公寓的总体评分为 8.5。调研期间，此养老院的居室入住率为 100%。居室每月的平均收费标准为 5000 美元 / 间；入住者通常以个人资金和多种保险共同支付。

美国案例 5：西岸日出养老组织分支机构二 American Case 5

　　此例中的养老院建于 2007 年，与案例 4 属于同一家大型养老连锁组织。养老院位于美国西岸小城市的外环区；城市人口约 6 万，距离旧金山市区 2.5 小时的车程。养老院共有居室 64 套，养老床位 77 张。提供的服务以协助生活型养老为主（65%），也有专设的小型失忆护理区（35%）。入住的居民主要来自周边大城市，平均年龄 80 ~ 82 岁。

　　1. 周边环境条件及场地设计

　　此例养老院地处小城市外环，周边人口密度低。场地的南边和东边紧邻当地主要道路；南北两侧和西侧以住宅为主，东侧 1 公里外为当地社区大学（图 88）。周边道路车流繁忙，附设有人行边道。老人出行主要依靠家人接送或参加院方举办的集体外出活动；日常活动范围主要集中在养老院室内和建筑周边的场地。

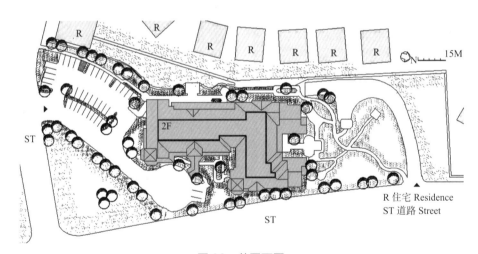

图 88　总平面图

　　养老院场地总占地约 1.4 万平方米，周边主要是住宅区。建筑平面呈"L"字形，开口处朝向东南。建筑西侧距离道路约 50 米，其中专设停车场和三角形绿化区。建筑南侧距离道路约 30 米，设有灌木隔离带，场地内开辟有圆形入口区和外廊（图 89）。建筑的北侧和东侧为单体独立住宅区。场地北部和东部空间宽敞，景观设计丰富，有大型室外花园、步行道路和休息区；北部及东部活动区总面积约为 9400 平方米。现场访谈期间，观察到有三组老人及其家属在户外散步和休息聊天，气氛良好（图 90）。

2. 建筑空间设计

养老院主体建筑为 2 层，总建筑面积约为 4700 平方米。建筑主体可以分为中区、北区、和南区。中区为门厅、楼电梯、活动室和办公服务等；除北区首层为失忆老人专区外，南北区其余部分（北区第二层和南区双层）皆为协助生活老人区（图 91）。

主入口在首层中区的东部，门外设有约 10 米长的入口外廊。门厅局部为跃层空间，以开敞楼梯为中心布置多个活动空间。餐厅和厨房位于首层中区的西部，有独立出入口。各个居住区相对独立并设置区域入口。失忆老人区内部专设中心活动区，外部有封闭独立的庭院。协助生活居住区共有居室 25 套，其中单开间居室 15 套（均面积 47 平方米），一室一厅 10 套（均面积 53 平方米）。居住区内的走廊呈 "L" 形或 "H" 形，在转折处局部平面放大成为休息角，方便老人停留休息，促进交流。值得一提的是此例中值班经理办公室的位置位于中区二层，是整个园区空间的中心，方便老人和工作人员交流，日常使用率很高，对服务工作有促进作用。建筑的竖向交通在中区有一部电梯，一部开敞楼梯；北区有二部楼梯；南区有一部楼梯。建筑层高首层约为 3.3 米，二层约为 2.7 米。

图 89　外廊

图 90　室外花园步道

3. 建筑细节设计

此例养老院建筑内部有适老化设计。走廊设有沿墙扶手（图 92）。一些室内设计思路与案例 4 相似，例如在居室的门口墙面设置个人照片展示区等。与案例 4 相比，类似的设计思路在案例 5 中的实际处理则相对比较简单而且缺少细节。例如在案例 5 中，居住区的走廊墙面装饰为常见的风景画印刷品，而例 4 中则为精心挑选的 20 世纪 60 年代的宣传海报。观察发现，此例养老院首层入口处的活动区和二层中部的服务区，是老人们聚集和停留的空间（图 93）。

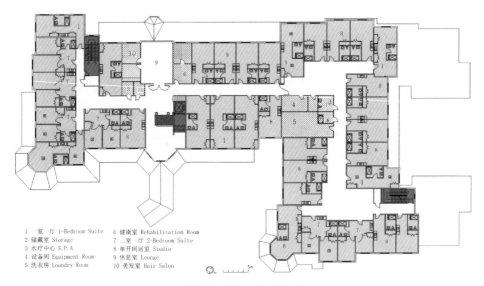

1 一室一厅 1-Bedroom Suite
2 储藏室 Storage
3 水疗中心 S.P.A
4 设备间 Equipment Room
5 洗衣房 Loundry Room
6 健康室 Rehabilitation Room
7 二室一厅 2-Bedroom Suite
8 单开间居室 Studio
9 休息室 Lounge
10 美发室 Hair Salon

图 91　建筑二层平面图

与室内活动区相比，此例养老院室外活动区的空间设计更为丰富。场地北部和东部的室外空间有互相联通的平缓步行道路、适合休息停留的凉亭和座椅，以及详化空间内容的地标设计（中心地台和喂鸟处）。室外活动区域大，景观内容多，散步方便安全，是此例养老院的主要特点。现场访谈了解到，有十几位入住老人自发组织了散步小组，天气允许时都会在午休后到室外散步。

图 92　室内走廊

图 93　入口酒吧区

4. 环境设计和产业竞争力调研

此例养老院的环境设计定位是为本地及周边大城市的协助生活老人服务。在研究组访谈中，工作人员认为环境设计是养老院市场竞争中的重要部分。本例中良好的室外活动区环境是很多入住老人选择此养老院的原因。

针对此养老院的产业竞争力，研究组展开了网上调研，共收集到 47 份来自老人和家属的反馈。这些老人和家属对公寓的总体评分为 8.3。调研期间，此机构中有空床位 5 个，入住率为 94%。居室每月平均收费标准约为 5500 美元 / 间；入住者通常以个人资金和多种保险支付。

5.3　医疗护理型养老机构 Nursing Care Facilities

医疗护理型养老环境（例如老年护理院）主要为无自理能力的老人提供必需的医疗护理和生活服务。在老年人（尤其是高龄老人）中存在着由于多种原因造成的失智或失能现象，这一部分老人的生活需要依赖长期的医疗护理。面向这些老年人的养老机构提供医疗护理服务和日常居住环境。在护理院中，这些老人可以得到全天候的护理、康复锻炼、起居、餐饮、清洁卫生等服务。

美国案例 6：西岸日出养老组织分支机构三 American Case 6

此例中的养老院建于 2009 年，与案例 4 和案例 5 属于同一家大型养老连锁组织。养老院位于美国西岸小城市的外环区；城市人口超过 6 万，距离旧金山市区 2 个小时的车程。养老院共有养老床位 62 张。提供的服务是失忆护理。入住的老人主要来自周边城市。

1. 周边环境条件及场地设计

此例养老院地处小城的市区。场地的东边紧邻当地主要道路；南侧、北侧和西侧区域主要是单体住宅区，间或有家庭医疗点和园艺服务站（图 94）。周边道路车流繁忙，无人行边道。老人出行主要依靠家人接送；日常活动范围主要集中在养老院室内和周边场地。

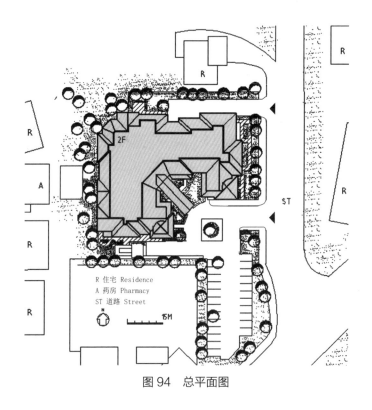

图 94　总平面图

养老院场地总占地约为 5900 平方米。建筑平面呈"L"形，开口处朝向东南。场地南部有入口区和延伸出去的停车场部分（图 95）。建筑的北侧和西侧场地空间狭窄，宽度约 10 米，沿建筑外墙设有约 1 米宽的铺砌边道（图 96）。建筑东侧距离城市道路约 20 米，有灌木隔离带和围栏；此区域为养老院主要的室外活动空间，总面积约 500 平方米，设有休息座椅和步行道。现场注意到活动区的入口在室外车道旁，与建筑内部并不相通。老人如到达此区，需要从门厅和门廊走出，再沿建筑外边转弯进入；失忆失智老人需要有人陪同才可到达。另一方面，沿建筑周边的铺砌边道相互不联通，例如西北侧的外廊和室外道路无法到达东侧的室外活动区，场地内亦没有适合失忆老人行走的环状回路。调研期间，未见到老人在室外。

图 95　门廊

图 96　外观

1 储藏室 Storage	9 多用间 Multipurpose Room
2 水疗中心 S.P.A	10 两室一厅 2-Bedroom Suite
3 开放厨房 Kitchen	11 单开间居室 Studio
4 洗衣房 Loundry Room	12 阳台 Balcony
5 卫生间 Restroom	13 护士站 Nurse Station
6 会客活动区 Parlor	14 一室一厅 1-Bedroom Suite
7 活动室 Activity Room	15 健康中心 Rehabilitation Room
8 门廊 Seasons Porch	Wellness Center

图 97　建筑平面图

2. 建筑空间设计

养老院主体建筑为 2 层，总建筑面积约为 4000 平方米。建筑主体可分为中区，东区和南区。中区为门厅、楼电梯、活动室和办公服务等；东区为特别护理区；南区为普通护理区（图 97）。主入口设在首层中区的东南端，门外设约 15 米长的入口门廊。门厅内有跃层空间，以楼梯为中心在首层中区和二层中区布置多个活动室。餐厅和厨房位于首层中区的西北端，有独立出入口。南区与中区互相联通，便于普通护理级的老人使用中区的活动室、餐厅、电视厅等；南区双层共有单开间居室 8 间（均面积 34 平方米）、一室一厅七套（均面积 46 平方米）、二室一厅六套（均面积 53 平方米）。东居住区相对独立，在各层均设置有区域入口，其自设活动区设在二层；东区共有单开间居室 10 间、一室一厅两套、二室一厅四套，其均面积与南区相近。各居住区内的走廊呈"L"形或"H"形，在转折处局部平面放大成为休息角，方便老人停留休息。建筑的竖向交通在中区有一部电梯，一部开敞楼梯；东区和南区各有一部楼梯。建筑首层室内净高约 2.9 米，二层约为 2.6 米。

此例建筑平面呈转角围合，位于转角处的中心区域进深大，自然采光很弱；虽然室内使用大量人工照明，但现场仍感觉光线不足（图 98）。光线昏暗的问题在平面凹进的首层入口区亦较为突出，此处没有其他养老机构常见的老人聚集入口区的场景。相比之下，二楼中区西北端的活动区光线较好，在靠近阳台和窗口的区域有老人停留。

3. 建筑细节设计

此例养老院建筑内部有适老化设计。与案例 4 和案例 5 相似，老人居室的门口墙面设置有个人照片展示区等（图 99）。室内设计方面，针对失忆老人的特点布置了引发回忆的日常生活场景，例如儿童摇篮和家居服饰等。在活动区中，有各类题目的手工制作和集体活动；在走廊局部扩大处放置有座椅和书籍等。

4. 环境设计和产业竞争力调研

此例养老院的环境设计定位是为本地及周边城市的失忆失智老人服务。在现场访谈中，工作人员强调了失忆失智护理服务的特殊性，并表示环境设计中的安全性是院方和老人家属的首要考量。针对此养老院的产业竞争力，研究组展开了网上调研，共收集到 25 份来自老人和家属的反馈。这些老人和家属对公寓的总体评分为 8.2。调研期间，此养老院的 48 套居室有空房三套，入住率为 94%。

图 98　餐厅

图 99　居住区内廊

美国案例 7：东北部老年医疗中心护理院

此例中的养老院建于 2012 年，是一家老年医疗中心的扩展机构。医疗中心位于美国东北部大型城市（人口超过 62 万）的外环区。养老院建筑与医疗中心原有部分有机地联为一体，有养老床位 84 张，提供综合医疗护理服务（失忆、失智和失能护理）。入住老人主要来自周边城市。

1. 周边环境条件及场地设计

此例养老建筑为医疗中心建筑组团的一部分。整体场地的北侧为未开发绿地；西侧、南侧和东侧则为其他医疗和保健机构。周边环境安静。场地内的组团建筑分为北、中、南三个部分；养老院建筑位于北部（图 100）。老人出行主要由家人接送；日常活动范围主要集中在养老院室内和周边场地。

养老建筑所处的北部场地总占地面积约为 AAA 平方米。建筑平面呈"L"形，开口处朝向东南，与组团中部的主入口相连；连接处开辟有小型室外活动场地（图 101）。场地内有花坛和树木，地面为块状铺砌，四周布置有座椅（图 102）。调研期间，未见到老人在室外停留。

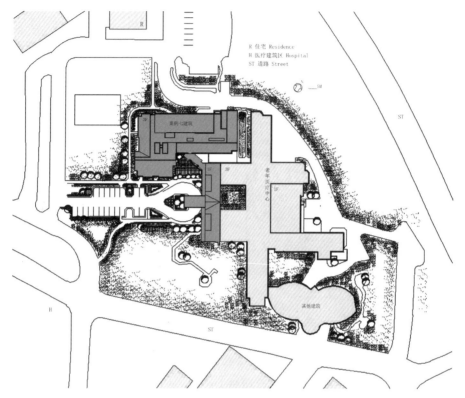

图 100　总平面图

图 101　中部入口区

图 102　室外活动场地

2. 建筑空间设计含平面布置和竖向空间分布等

养老院的建筑为 3 层，总建筑面积约为 5000 平方米。建筑标准层平面

分为西区和东区两部分；两区各自独立，设有区域入口，各为一个家庭组
（household）（图 103）。每个家庭组的面积约为 750 平方米，包括 14 个单开
间单人居室（均面积 23 平方米）以及位于中心的活动区和服务区。活动区包
括参与式厨房、餐厅、电视间和具有读书会客等多功能的壁炉区。服务区包
括护士工作间、洗衣房、清洁间、厕所、储存等。竖向交通在东区和西区内
部各有 1 部楼梯；东西区连接处设有 2 部电梯和 1 部楼梯。建筑首层室内净高
约 2.9 米，二层和三层各为 2.7 米。

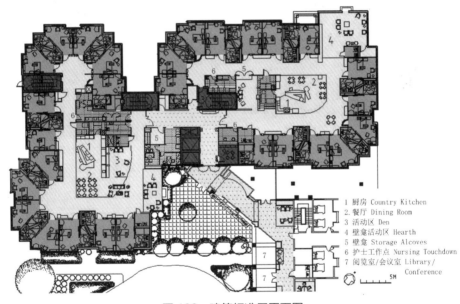

1 厨房 Country Kitchen
2 餐厅 Dining Room
3 活动区 Den
4 壁龛活动区 Hearth
5 壁龛 Storage Alcoves
6 护士工作点 Nursing Touchdown
7 阅览室/会议室 Library/
  Conference

5M

图 103 建筑标准层平面图

此例养老建筑的设计参考小型家居和邻里设计模式，即 "Elden Alternative
Neighborhood Model"；具体设计以家庭组为单位，每层两个家庭组，三层（共
六组）为一个养老社区（senior living neighborhood）。现场观察发现，此例中
以 14 个居室为一组的环境设计，空间大小和布置舒适，对护理工作有帮助。
一方面是护理组合的规模不大，使各组工作人员和老人有机会互相熟悉，有
利于护理；另一方面，空间大小适宜，环绕式的布置使各个居室都能在中心服
务区的视线范围之内。小规模的环境设计适合创造家庭气氛，现场观察家庭

组中心区的参与式厨房和餐厅确有家居感（图104）。在现场访谈中，工作人员谈到日常护理工作的大部分内容，包括医药分类和分发、收拾房间、洗衣及帮厨等，都是在家庭组内部环境中完成的。调研得知，院方即将建立第二个养老社区，并在养老社区与医疗中心的连接处，即组团的中部，扩大现有的组团共享中心（town center），促进老人的社会参与感。

图104　参与式厨房和餐厅

图105　居室入口

3. 建筑细节设计

此例养老建筑内部的适老化设计体现在卫生间和家具设计等多方面。卫生间内部除安装安全扶手和抓杆外，在平面设计中考虑了护理人员在照顾老人时的工作空间；洗手池、马桶和沐浴角呈一字排开，方便老人使用和工作人员护理。每两个居室的入口处合并且平面收进约1米，局部吊顶，有利于创造入住老人的归属感和相互交流（图105）。

4. 环境设计和产业竞争力调研

此例养老院的环境设计定位是为本地和老年医疗中心的失忆失智老人服务的。在现场访谈中，工作人员强调了养老护理服务中的人性化，并希望环境设计可以加强养老环境中的家庭气氛。对于未来的环境优化，院方希望能有机会改善老人们的室外活动环境，增大活动范围，多到户外活动。针对此养老院的产业竞争力，研究组展开了网上调研，共收集到25份来自老人和家属的反馈。这些老人和家属对公寓的总体评分为8.2。调研期间，此养老院的84套居室全部入住。

第6章 竞争力较强的养老机构环境

Competitive Senior-living Environments

Environments in the 4 senior-living facilities with higher level of competitiveness are analyzed in this Chapter. Significant environmental design factors are analyzed in the context of individual projects and at 3 levels: 1）site，2）building，and 3）design details.

6.1 周边环境设计 Environments at the Site Level

中美两国的调研都指出养老建筑室外可供老人活动的区域是机构养老环境的重要部分，对机构产业竞争力有影响。此元素在中国调研中被41%的受访者圈选为最重要的三项机构养老环境元素之一；在美国调研中，专业养老机构的工作人员对其重要性的评分为8.6（总分10分）。此项结果有力地支持了已发表文献中的相关研究成果。室外活动场地的重要性与老人们的健康需求密不可分。大多数老年人由于年龄原因，健康状态下降，所以普遍重视身体锻炼和健康维护；而室外活动的场地是他们开展健身运动的必要条件。老人在室外活动时有较多机会接触到自然和景观，大自然和景观因子对人健康的益处在心理学和环境实证研究中都已经得到了广泛证实。另一方面，适当的运动不但有助于老人的身体健康，也有益于他们的精神和心理健康。研究发现，参与健身运动较多的老人与人交流或参与社会活动也较多，他们的信息需要较易得到满足，容易与人合作和对生活感到满意。[46, 85]

在美国自理生活型机构案例中，建筑周边的环境布置有多条小道供老人散步，并在建筑组团东侧设有可供老人停留休息的绿化庭院；这些室外设计元素与建筑主体设计自然融合，成为老人日常生活的一部分，在调研期间得到广泛好评（图 106）。需要指出的是，与室外活动区相呼应的是位于室外和室内之间的过渡空间设计。方便宜人的过渡空间可以促使室内的老人走出户外，参与到活动中去。在此案例中，过渡空间是整组建筑平面的中间一条贯通式的风雨长廊：在保证各种天气情况下整个机构中的交通不受影响的同时，长廊的大面积开窗提供了一个在视觉上重复接触室外的机会，帮助久居室内的老人了解室外情况，鼓励他们在合适的情况下到室外活动。在中国的自理生活型机构案例 1 中也有相似的设计点。这个位于上海附近的民办养老机构有大面积的室外景观和活动区，也有连接各个居住建筑的风雨连廊（图 107）。虽然这两个案例的机构性质和建筑规模不同，但其竞争力评分在美国和中国案例中皆居首位（9.23 分和 9.57 分）。

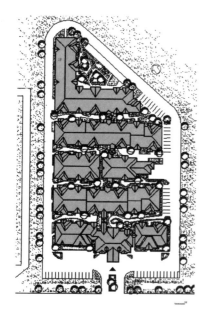

图 106　美国案例 1——总平面图

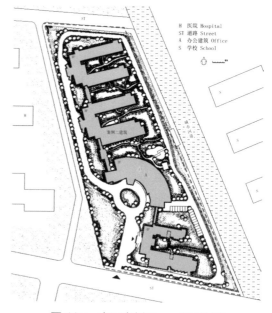

图 107　中国案例 2——总平面图

6.2　主体空间设计 Environments at the Building Level

共享活动空间：针对养老建筑的主体空间设计，共享活动空间的重要性被中美两国的环境调研和竞争力双变量分析重复论证。这些现象可能与老年人的心理需求相关。多数老人在退休后生活内容比较单调，普遍希望与人交流，愿意参与集体活动。老人的相互交流和集体活动不但可以帮助他们享受慢节奏的养老生活，也可以减少孤独感和可能的情绪低落。在养老机构中，老人有较多机会与同龄人交流，而共享空间为老人的相互交流和集体活动提供了便利。共享空间的设计指标（包括养老建筑标准层中开放式活动区的占比，本数据的范围为 15% ～ 43%）与机构竞争力在统计分析中有显著的正向相关性。养老机构中老人的人际交流是在集体居住的环境中产生的，其交流范围与人群数量有关。如果在同层居住的老人较多，他们相互碰面和偶遇的机会也较多，彼此逐渐认识进而参与集体活动的可能性增大，有益于老人的身心健康。有关的设计指标应包括同层的老人居室数量等。本书在双变量和多变量分析中都论证了标准层老人居室数量（本数据的范围为 10 ～ 33 间 / 套）与养老机构竞争力的显著正向相关性。

平面布局和交通流线：进一步讲，如果建筑标准层平面中布置的居室数量和活动空间较多，其层面积自然较大，对平面布局和交通流线的要求也较高。养老建筑的空间布局应便捷，为生活在其中的老人提供日常生活便利，例如从居室到餐厅的路线要简洁方便。中国调研中，55% 的调研参与者圈选此项（便捷布局）为最重要的三项养老环境元素之一；在美国调研中，平面布局的重要性被评为 8.5 分。此外，养老建筑的层数不宜高。依据本书收集的数据，在 3 ～ 7 层范围内，建筑层数较多的养老机构的竞争力要低于其他机构。此现象可能与老人使用电梯的能力下降有关。研究也发现居住在高楼层的人们实际上参与邻里交往和户外活动较少。在人口密度较大的城区，高楼层的养老机构必然会存在，其具体的设计方案宜针对机构个案情况加以调整，例如增大同层居室数量和活动区范围。

室内采光：值得强调的是，中国调研的结果说明室内明亮的采光对养老机构中的老人非常重要：共有 57% 的中国调研参与者圈选此项为最重要的三项养老环境元素之一，在调研结果中排在重要环境元素的首位。此现象也许与养老机构中老人的生活方式有很大的关系。由于老人日常活动能力的降低和各种环境条件的限制，大多数处于久居室内的状态。研究发现老年人群每天在室内的时间为 19.5 小时，是各个年龄段中最长的。[86] 养老机构中的老人们健康状态各有不同，但与自然光的接触对他们来说都是与外界交流最方便的形式。合适的自然光照可以促进人体的自我调节，提高免疫力，从进化论的角度增进人们对生活的希望。从机构整体布局的角度来讲，建筑的朝向和周边条件对室内采光都有影响。老人居室和活动区的外墙开窗比例和防炫光处理等细节设计亦很重要。

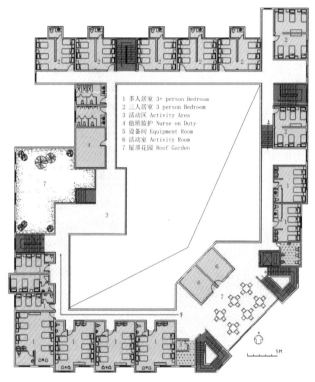

1 多人居室 3+ person Bedroom
2 三人居室 3 person Bedroom
3 活动区 Activity Area
4 值班监护 Nurse on Duty
5 设备间 Equipment Room
6 活动室 Activity Room
7 屋顶花园 Roof Garden

图 108　中国案例 4——平面图

案例分析： 在中国的协助生活型养老机构案例 2 中，建筑平面总体呈围合式，其标准层中活动区占比较高（36%），自然采光较好（图 108）。具体设计是在建筑平面的东南部分布置了大面积开窗的共享活动空间，现场观察到室内明亮舒适；在平面的西区部分也设有半开放式的屋面平台空间供居者共享。此养老机构是面向普通居民的乡镇级敬老院，老年人居室多为三人间，生活标准（如饮食）和配套设施（如家具等）的标准为中低档。但是现场调研发现，此机构中老人们的情绪状态相比高端养老机构中的居住者更为良好，常见微笑和聊天老人在有阳光照射的走廊或活动区停留。此机构在同类机构中竞争力评分最高。对比来看，在美国的协助生活型养老机构案例 2 中，总体平面布置呈折尺形，标准层中的活动区占比 28%，但活动区无对外开窗，采光主要依靠人工照明（图 109）。具体设计为：在建筑平面的中心区围绕楼电梯设置开敞高空间；在居住区走廊交汇或拐角处做局部平面放大，把转角空间处理为可供老人停留和活动的空间。案例平面布局紧凑且室内细节布置周到，但是现场调研时却发现，这些在设标准层中的活动区很少有人停留，空间呈闲置状态；在这些活动区中，有一处通过开设屋顶天窗引入了自然采光，现场观察此区域感觉舒适且有老人停留。此现象支持了中国调研结果中强调的自然采光对机构养老环境的重要性。同时，研究组也观察到在此机构中的首层入口活动区采光较好，视野开阔，大多数机构中的老人在此聚集。

1 活动区 Activity area
2 一室一厅 1-bedroom Suite
3 单开间居室 Studio
4 二室一厅 2-bedroom Suite
5 医务室 Clinic
6 美发室 Hair salon

图 109　美国案例 4——平面图

6.3　细节设计 Design Details

　　居室环境：针对养老建筑的细节设计，美国调研的结果强调了居室环境对机构竞争力的重要性（分别为 9.1 分和 8.9 分）。对于不能自理尤其是需要医疗护理的老人，居室环境对其生活和生存质量应有很大的影响。居室设计的具体内容，如无障碍空间设计和照护设计等，在中英文文献中都有详尽的研究和成果介绍。[24, 25] 值得一提的是，近年来美国养老机构中居室设计的两个发展趋势。一方面，各类型的居室设计界限逐渐模糊，提倡参考医疗机构中的病房设计，做好医用管线和输入口的预留预设，使老人的居室环境在其健康情况变化时可满足功能需求。另一方面，居室的总体布置提倡家庭组团式设计，各组团内有共享的生活空间（如餐、厨、会客活动等），尽力创造机构中的社会凝聚力和家庭气氛。例如在 2013 年建成的美国医疗护理型机构案例 2 中，每层有两个相对而设的家庭组团，各自有独立出入口；组团内部有呈"L"布置的 14 个居室单位，中心为家庭共享空间（图 110）。

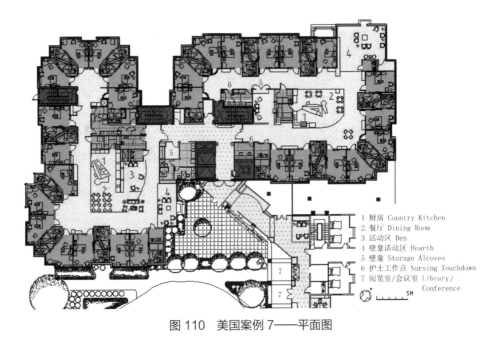

1 厨房 Country Kitchen
2 餐厅 Dining Room
3 活动区 Den
4 壁龛活动区 Hearth
5 壁龛 Storage Alcoves
6 护士工作点 Nursing Touchdown
7 阅览室/会议室 Library / Conference

图 110　美国案例 7——平面图

　　家居气氛：在家居气氛营造方面，家具布置和室内装饰与所在地的文化历史和机构的市场定位都有密切关联。笔者在调研中发现，中低定位的养老机构受限于资金和环境条件，在建筑细节设计方面通常有很大的提升空间（图111）。在中国的高端商业养老机构中，有对西方养老机构的环境生硬模仿的现象。例如在中国失忆老人护理区，建立以西式衣帽和家具来装饰的生活回忆空间显然是不合适的。在美国医疗护理型养老机构案例中，主要的服务对象是失忆失智老人，其内部环境的细节设计结合当地文化和习惯，创造了老人们熟悉的本地家居感，对老人的情绪安抚有良好效果（图112）。中国的养老环境设计应结合本国文化传统和老人们的时代特点，加强细节设计，在细节中创造老人所熟悉的中国家庭气氛，增强养老生活质量和机构竞争力。

图 111　中国案例室内

图 112　美国案例室内

结 语

Conclusion

Environmental factors important to institution-based senior living in China are similar to but different from those in the USA, in the ways they are perceived by senior-living residents, families, and professionals. Environments in a senior-living facility influence the facility's industrial competitiveness. Environmental factors of competitive senior-living facilities should be analyzed in the context of individual projects. American models of design for senior living should be carefully adjusted for using in China.

　　本书通过比较中美案例，分析总结出具有产业竞争力的设计要素，旨在提升中国环境设计质量，推动养老产业发展。针对机构产业竞争力，本书的调研结果指出中美机构的竞争力评分总体上没有显著差别。美国的设计经验要批判地接受。洋为中用可以帮助我们汲取经验避免重复错误，从而开发创建良好的中国养老建筑环境。通过比较，本书从环境功能性、心理学、社会学的角度分析了养老机构的建筑环境要点，归纳总结了具体设计元素的应用效果。对比中美研究结果，重要的环境元素相似而不同。中美调研皆指出了共享活动空间和室外活动场地在机构养老环境中的重要性。不同的是，中国调研结果强调了室内采光和便捷布局的重要性，而美国调研结果侧重于指出居室设计和家庭氛围创造的重要性。以中国调研数据为平台，统计分析指出影响养老机构竞争力的环境元素包括：建筑层数、标准层面积和居室总数，以及标准层开放活动区占比。在不同服务类别的机构中，重要的环境设计元素各有差异。在此领域内需要做进一步的研究。

　　人口老龄化和机构养老需求的增长是全球范围的，已经超越了具体的国家界限。许多亚洲国家对西方养老模式包括环境设计模式的套用模仿值得反思，需要开展大量的设计后评估研究来探讨适合本民族本区域的设计依据。新型的养老模式不断涌现，养老服务的层级划分也在逐渐模糊。研究的成果提高了投资者，设计师和养老服务使用者对环境影响养老及养老产业竞争力的理解和认识。本书进一步呼吁高质量的协调合作和研究，建设以研究为依据的法规法令，以及基于法规的提升养老环境质量的实际行动。

图片说明

Image Resources

本书中所用案例实景图片，除去美国案例 1 和 3 中注明的网络公开图片之外，均为作者所拍摄。其中美国案例 1 的中心廊道和室外空间图片来源于 caring.com；入口室外环境图片来源于 google.com；室内活动区图片来源于 facebook.com。美国案例 3 的入口门廊和居室展示架图片来源于 enlivant.com；内院图片来源于 senioradvisor.com；餐厅图片来源为 aplaceformom.com。本书中所用研究论述和案例平面图片，均是以实证调研数据为基础的自绘。

致 谢

Acknowledgement

感谢不辞辛苦参与问卷调研的同学：胡梦然、华云龙、王彤、冯永鹏、袁耀华；感谢精心输入数据和绘制平面图的同学：李月、樊腾飞、杨馥华。感谢各个养老机构和各位调研参与者对研究工作的配合和体谅。感谢美国堪萨斯大学建筑系和蔡慧教授在美国调研许可申请过程中的悉心支持。感谢河南大学、河南大学土木建筑学院在整个研究项目中自始至终的大力支持。

参考文献

References

[1] 联合国.全球老龄化.纽约:联合国经济和社会人口部,2015.

[2] 世界卫生组织和美国老龄部.全球健康和老龄化,2011.

[3] CBASSE. Preparing for an Aging World: The Case for Cross-National Research. Washington, DC: National Academy Press, Commission on Behavioral and Social Sciences and Education; 2001.

[4] UN. World Population Ageing 2013. New York: United Nations, Department of Economic and Social Affairs Population Division, 2013.

[5] 中国民政部.2014 年社会服务发展统计公报.In:民政部,ed,2015.

[6] WHO. China Statistics. 2015. http://www.who.int/countries/chn/en/, Accessed on March 26, 2017. Published Last Modified Date|. Accessed Dated Accessed|.

[7] NIA, WHO. Global Health and Aging: National Institute on Aging and World Health Organization, 2011.

[8] FIFAS. Older Americans 2016: Key Indicators of Well-Being. Federal Interagency Forum on Aging-Related Statistics. Washington, DC: U.S. Government Printing Office, 2016.

[9] Harris-Kojetin L, Sengupta M, Park-Lee E, et al., eds. Long-term care providers and services users in the United States: Data from the National Study of Long-Term Care Providers, 2013–2014. National Center for Health Statistics. Vital Health Stat, 2016, No. 3.

[10] FIFARS. Older Americans 2016: Key Indicators of Well-Being. Federal Interagency Forum on Aging-Related Statistics. Washington, DC: U.S. Government Printing Office, 2016.

[11] Harris, Sengupta, Valverde, Caffrey, Rome. 美国长期照护服务机构和使用者 2013-2014. Vol 3:美国国家健康统计署,2016.

[12] 周燕珉、林婧怡.我国养老社区的发展现状与规划原则探析 [J].城市规划,2012,36(1): 46-51.

[13] 刘正莹，杨东峰. 邻里建成环境对老年人户外休闲活动的影响初探——大连典型住区的比较案例分析 [J]. 建筑学报. 2016，6：25-29.

[14] 张京渤. 老年人社区户外空间适应性研究 [J]. 北京林业大学，2006.

[15] 赵晓征. 养老设施及老年居住建筑：国内外老年居住建筑导论 [M]. 北京：中国建筑工业出版社，2010.

[16] 王江萍. 城市老年人居住方式研究 [J]. 城市规划. 2002，3.

[17] 顾志琦. 养老设施的主入口公共空间设计 [J]. 北京：建筑学院，清华大学，2012.

[18] 覃晓雯. 注重"交互空间"的养老院环境设计研究 [J]. 山东建筑大学，2015.

[19] 王洪羿，周博，范悦. 养老建筑内部空间老年人的知觉体验研究 [J]. 建筑学报，2012，S1：161-167.

[20] 唐丽，张建辉. 大型商业建筑内外空间整体性设计浅析 [J]. 华中建筑. 2012，30，（6）.

[21] 龙灏，张玛璐，马丽. 大型综合医院门急诊楼竖向交通系统设计策略初探 [J]. 建筑学报. 2016，2.

[22] 张春阳，孙一民. 以病人为本的医院病房空间设计 [J]. 新建筑. 2002，1.

[23] 格伦，边颖. 护理单元空间模式研究 [J]. 城市建筑，2005.

[24] 周颖，孙耀南. 医养结合视点下新型养老住区的设计理念 [J]. 建筑技艺，2016，3：70-77.

[25] 周燕珉，程晓青，林菊英，林婧怡. 老年住宅 [M]. 北京：中国建筑工业出版社，2011.

[26] 张建凤. 老年人建筑的自然光环境设计初探 [J]. 苏州科技大学，2015.

[27] 聂梅生，阎青春，Gordon PA. 中国绿色养老住区联合评估认定体系 [M]. 北京：中国建筑工业出版社，2011.

[28] 水博. 绿色养老住区评价系统研究 [J]. 西安建筑科技大学，2014.

[29] Wang Z，Lee C. Site and Neighborhood Environments for Walking among Older Adults[J]. Health & Place. 2010，16（6）：1268-1279.

[30] Detweiler M，Sharma T，Detweiler J，et al. What is the evidence to support the use of therapeutic gardens for the elderly? Psychiatry Investig. ，2012；9（2）：100-110.

[31] Wang Z，Rodiek S，Shepley M. Residential Site Environments and Yard Activities of Older Adults. Report on University Research. Vol 2. Washington，DC：The American Institute of Architects，2006：37-57.

[32] Rodiek S. Influence of an Outdoor Garden on Mood and Stress in Older Persons[J]. Journal

of Therapeutic Horticulture, 2002, 13: 13-21.

[33] Jonveaux T, Batt M, Fescharek R, et al. Healing gardens and cognitive behavioral units in the management of Alzheimer's disease patients: the nancy experience[J]. J Alzheimers Dis, 2013, 1 (34): 325-338.

[34] Hua Y, Becker F, Wurmser T, Bliss-Holtz J, Hedges C. Effects of nursing unit spatial layout on nursing team communication patterns, quality of care, and patient safety[J]. Health Environments Research & Design Journal, 2012, 6 (1): 8-38.

[35] Simonsick E, Montgomery P, Newman A, Bauer D, Harris T. Measuring fitness in healthy older adults: the Health ABC Long Distance Corridor Walk[J]. Journal of American Geriatric Society, 2001, 49 (11): 1544-1548.

[36] Barnes S. Space, Choice and Control, and Quality of Life in Care Setting for Older People[J]. Environment and Behavior, 2006, 38 (5): 589-604.

[37] Redfern MS, Moore PL, Yarsky CM. The Influence of Flooring on Standing Balance among Older Persons[J]. Human Factors, 1997, 39 (3): 445-455.

[38] Percival J. Domestic Spaces: Uses and Meanings in the Daily Lives of Older People[J]. Ageing & Society, 2002, 22 (6): 729-749.

[39] Simoneau M, Teasdale N, Bourdin C, Bard C, Fleury M, Nougier V. Aging and postural control: postural perturbations caused by changing the visual anchor[J].J Am Geriatr Soc, 1999, 47 (2): 235-240.

[40] Cook C, Yearns M, Martin P. Aging in Place: Home Modifications among Rural and Urban Elderly[J]. Journal of Amercan Association of Housing Educators, 2005, 32 (1): 85-106.

[41] Passini R, Pigot H, Rainville C, Tetreault M-H. Wayfinding in a Nursing Home for Advanced Dementia of the Alzheimer's Type[J]. Environment and Behavior, 2000, 32 (5): 684-710.

[42] Wang HY, Zhou B, Fan Y. Older Adults' Experiences of the Interior Spaces in Senior-living facilities[J]. Architectural Journal, 2012, 1: 161-167.

[43] Zborowsky T, Bunker-Hellmich L, Morelli A, O'Neill M. Centralized vs. decentralized nursing stations: effects on nurses' functional use of space and work environment. Health Environments Research & Design Journal. 2010, 3 (4): 19-42.

[44] Gu ZQ. Design of the Entrances in Senior-living Facilities. Beijing: Architecture, Tsinghua,

2012.

[45] Cohen U, Syme SL, eds. Social Support and Health[M]. New York: Academic Press, 1985.

[46] Kaplan S, Kaplan R. Health, Supportive Environments, and the Reasonable Person Model. American Journal of Public Health[J]. 2003, 93（9）: 1484-1489.

[47] Richard L, Gauvin L, Gosselin C, Laforest. S. Staying Connected: Neighbourhood Correlates of Social Participation among Older Adults Living in an Urban Environmental in Montreal, Quebec[J]. Health Promotion International, 2009, 24: 46-57.

[48] Stokols D. Establishing and Maintaining Healthy Environments: Towards a Social Ecology of Health Promotion[J]. American Psychologist, 1992, 47（1）: 6-22.

[49] Pinet C. Distance and the Use of Social Space by Nursing Home Residents[J]. Journal of Interior Design, 1999, 25（1）: 1-15.

[50] Chaudhury H, Mahmood A, Valente M. Advantages and Disadvantages of Single-Versus Multiple-Occupancy Rooms in Acute Care Environments: A Review and Analysis of the Literature[J]. Environment and Behavior, 2005, 37（6）: 760-786.

[51] Hamilton DK. Design for flexibility in critical care[J]. NEW HORIZONS-THE SCIENCE AND PRACTICE OF ACUTE MEDICINE, 1999, 7（2）: 205-217.

[52] Ulrich RS, Zimring C, Zhu X, et al. A Review of the Research Literature on Evidence-Based Healthcare Design[J]. Health Environments Research & Design Journal, 2008, 1（3）.

[53] Anderson D. A view on the room[J]. Journal of the American Medical Association, 2009, 301（5）: 486.

[54] Harb F, Hidalgo MP, Martau B. Lack of exposure to natural light in the workspace is associated with physiological, sleep and depressive symptoms[J]. The Journal of Biological and Medical Rhythm Research, 2015, 32（3）: 368-375.

[55] Wang Z. Nearby Outdoor Environments and Seniors Physical Activities[J]. Frontiers of Architecture Research, 2014, 3: 265-270.

[56] Diaz KM, Howard VJ, Hutto B, et al. Patterns of Sedentary Behavior in US Middle-Age and Older Adults: The REGARDS Study[J]. Med Sci Sports Exerc, 2016, 48（3）: 430-438.

[57] Dzierzewski JM, Buman MP, Giacobbi PR, et al. Exercise and sleep in community-

dwelling older adults: evidence for a reciprocal relationship[J]. Journal of Sleeping Research, 2014, 23 (1): 61-68.

[58] Blenkner M. Environmental Change and the Aging Individual[J]. Gerontologist, 1967, 7: 101-105.

[59] Boyd CM, Xue QL, Guralnik JM, Fried LP. Hospitalization and Development of Dependent in Activities of Daily Living in a Cohort of Disabled Older Women: The Women's Health and Aging Study[J]. Journal of Gerontology, 2005, 60A (7): 888-893.

[60] Cooper Marcus C. House as a Mirror of Self[M]. Berkeley: Conari Press, 1995.

[61] Scheidt RJ, Norris BC. Place Therapies for Older Adults: Conceptual and Interventive Approaches[J]. International Journal of Aging & Human Development, 1999, 48 (1):1-15.

[62] Beyer KM, Kaltenbach A, Szabo A, Bogar S, Nieto FJ, Malecki KM. Exposure to Neighborhood Green Space and Mental Health: Evidence from the Survey of the Health of Wisconsin Int. J. Environ Res [J]. Public Health, 2014, 11 (3): 3453-3472.

[63] Kearney AR, Winterbottom D. Nearby Nature and Long-Term Care Facility Residents: Benefits and Design Recommendations[J]. Journal of Housing for the Elderly,2005,19(3/4): 7-28.

[64] Maas J, Verheij RA, Vries Sd, Spreeuwenberg P, Schellevis FG, Groenewegen PP. Morbidity is related to a green living environment[J]. Journal of Epidemiology Community Health, 2009, 63: 967-973.

[65] Hartig T, Mitchell R, Vries Sd, Frumkin H. Nature and Health[J]. Annual Review of Public Health 2014, 35: 207-228.

[66] Mitchell R. Is physical activity in natural environments better for mental health than physical activity in other environments [J].Social Science & Medicine, 2013, 91: 130-134.

[67] Wang Z, Shepley M, Rodiek S. Aging-in-place at Home through Environmental Support of Physical Activity——An Interdisciplinary Conceptual Framework and Analysis[J]. Journal of Housing for the Elderly, 2012, 26 (4): 338-354.

[68] Rodiek S, ed. The Role of the Outdoors in Residential Environments for Aging. 2 ed[M]. Routledge, 2013. Schwarz B, ed.

[69] Rosenberg DE, Huang DL, Simonovich SD, Belza B. Outdoor Built Environment Barriers and Facilitators to Activity among Midlife and Older Adults with Mobility Disabilities[J].

Gerontologist. 2013，53（2）: 268-279.

[70] Booth ML，Owen N，Bauman A，Clavisi O，Leslie E. Social–Cognitive and Perceived Environment Influences Associated with Physical Activity in Older Australians[J]. Preventive Medicine 2000，31（1）: 15-22.

[71] Porter ME，Linde Cvd.Green and competitive: ending the stalemate.Harvard business review, 1995.

[72] Porter ME，Linde Cvd. Toward a New Conception of the Environment-Competitiveness Relationship[J].Journal of Economic Perspectives，1995，9（4）: 97-118.

[73] Moon HC，Rugman AM，Verbekec A. A generalized double diamond approach to the global competitiveness of Korea and Singapore[J]. International Business Review，1998，7（2）: 135-150.

[74] Lawton MP，Nahemow L. Ecology and the Aging Process. In: Eisdorfer C，Lawton MP，eds [M]. Washington，DC: American Psychological Association，1973.

[75] Friedkin NE. Social Cohesion[J]. Annual Review of Sociology，2004，30（1）: 569.

[76] McNeilla LH，Kreuterb MW，Subramaniana SV. Social Environment and Physical activity: A review of concepts and evidence[J]. Social Science & Medicine.2006，63（4）: 1011–1022.

[77] Buck N，Gordon I，Harding A，Turok I. Changing Cities: Rethinking Competitiveness，Cohesion and Governance[M].Palgrave Publishers Limited，2005.

[78] Ranci C. Competitiveness and Social Cohesion in Western European Cities[J]. Urban Studies，2011，48（13）: 2789-2804.

[79] Wang Z，Rahardjo E. What kind of environments should a competitive senior-living facility have? . Paper presented at: Environments for Aging annual conference，2017，Las Vegas，NV.

[80] Lawton MP. Environmental Proactivity and Affect in Older People. In: Spacapan S，Oskamp S，eds. Social Psychology of Aging[M]. Newbury Park，CA: Sage；1989；135-164.

[81] Lawton MP，Simon B. The Ecology of Social Relationships in Housing for the Elderly[J]. Gerontologist，1968，8: 108-115.

[82] Lawton MP. The Elderly in Context: Perspectives from Environmental Psychology and Gerontology[J]. Environment and Behavior，1985，17: 501-519.

[83] Rodiek S, Schwarz B, eds. The Role of the Outdoors in Residential Environments for Aging[M]. New York: The Haworth Press, Inc, 2005.

[84] Sampson RJ, Raudenbush SW, Earls F. Neighborhoods and Violent Crime: A Multilevel Study of Collective Efficacy[J]. Science, 1997, 277: 918-924.

[85] Mowen A, Orsega-Smith E, Payne L, Ainsworth B, Godbey G. The Role of Park Proximity and Social Support in Shaping Park Visitation, Physical Activity, and Perceived Health among Older Adults[J]. Journal of Physical Activity and Health, 2007, 4 (2): 167-179.

[86] Brasche S, Bischof W. Daily Time Spent Indoors in German Homes - Baseline Data for the Assessment of Indoor Exposure of German Occupants[J]. International Journal of Hygiene and Environmental Health, 2005, 208 (4): 247-253.